Volland

Energieeinsparverordnung (EnEV)

Energieeinsparverordnung (EnEV)

mit ergänzenden Vorschriften

Schnelleinstieg
Chancen nutzen
Risiken vermeiden

von

Dipl. Ing. (FH) Johannes Volland
Zertifizierter Energieberater der HWK,
Regensburg

Textausgabe mit Schnelleinstieg

2. überarbeitete und erweiterte Auflage

Bibliografische Informationen der Deutschen Nationalbibliothek

Die Deutsche Nationalbibliothek verzeichnet diese Publikation in der Deutschen Nationalbibliografie; detaillierte bibliografische Daten sind im Internet
über <http://dnb.d-nb.de> abrufbar.

Bei der Herstellung des Werkes haben wir uns zukunftsbewusst für umweltverträgliche
und wiederverwertbare Materialien entschieden.
Der Inhalt ist auf elementar chlorfreiem Papier gedruckt.

ISBN 978-3-8073-0104-4

E-Mail: kundenbetreuung@hjr-verlag.de

Telefon: +49 89/2183-7928
Telefax: +49 89/2183-7620

www.rehmnetz.de

Satz: TypoScript GmbH, München
Druck: Druckhaus Köppl & Schönfelder, Stadtbergen

Vorwort

2002, 2004, 2007 und nun 2009 wird die EnEV zum 4. mal überarbeitet und neu novelliert.

Viele von Ihnen werden sich denken, muss das denn sein, dass im Schnitt fast alle zwei Jahre die EnEV neu überarbeitet und aufgelegt wird. Bei diesen ständigen Änderungen ist es für die Ingenieure und Architekten, aber auch für die ausführenden Handwerker und Techniker nicht einfach, auf dem aktuellen Wissensstand der gültigen Energieeinsparverordnung EnEV zu bleiben.

Schaut man sich aber die Gründe für die Änderungen der einzelnen Verordnungen genauer an, so kann man feststellen, dass dies nicht unbedingt Willkür der Bundesregierung ist, sondern in erster Linie auf neuen Erkenntnissen über den Klimawandel beruht sowie auf Entwicklungen der Energiepreise und auf Vorgaben der EU.

Die Novelle der Verordnung von 2004 war notwendig, weil einige DIN-Normen, auf die sich die EnEV bezieht, aktualisiert und überarbeitet wurden. Inhaltlich gab es in dieser Novelle keine Änderungen. Die Novelle der Verordnung von 2007 beruhte auf Vorgaben der EU, die eine Richtlinie herausgab, dass ab 2006 alle Gebäude – ob Neu- oder Altbauten – mit einem Energieausweis ausgestattet werden müssen. Diese Richtlinie wurde in der EnEV 2007 eins zu eins umgesetzt. Nachdem aber Nichtwohngebäude nach EnEV bis dahin noch nicht energetisch vollumfassend beurteilt werden konnten (Klimaanlagen, Licht, Lüftung), wurde für eben diese die neue DIN 18 599 eingeführt, mit der die Nichtwohngebäude bezüglich ihres Energieverbrauchs genauer bewertet werden können. Aufgrund der starken Energiepreissteigerungen in den letzten Jahren (mit Ausnahme des zweiten Halbjahres 2008) und den neuen Erkenntnissen über den fortschreitenden Klimawandel hat dann die Bundesregierung 2007 beschlossen, den Primärenergieverbrauch von beheizten und gekühlten Gebäuden weiter zu senken.

Einmal mit der EnEV 2009 und nochmals geplant mit einer neuen Novelle der EnEV 2012 um jeweils ca. 30 %.

Gleichzeitig wurde auch das EEWärmeG (Gesetz zur Förderung Erneuerbarer Energien im Wärmebereich) Anfang 2009 rechtsgültig, über das die Bundesregierung sicherstellen möchte, dass spätestens im Jahr 2020 14 % der Wärme in Deutschland aus Erneuerbaren Energien gewonnen wird. Es ist also noch kein Ende in Sicht, wo man sich über eine längere Zeit auf geltenden Normen, Gesetzen und Verordnungen ausruhen kann. Damit Sie aber auf dem aktuellen Stand der gültigen EnEV bleiben und auch über das EEWärmeG informiert sind, haben wir dieses Buch neu überarbeitet und aktuallisiert.

Dieses Buch möchte Sie an das Thema „Energiesparendes Bauen und EnEV“ heranführen, Ihnen aufzeigen, welche Chancen für Sie als Planer darin stecken und wie spannend es sein kann, sich mit dieser Thematik intensiver zu beschäftigen. Wagen Sie einen Einblick in die EnEV. Mit diesem Buch können Sie selbst entscheiden, welche Kompetenz Sie sich erwerben wollen. Die nötigen Grundlagen für eine Entscheidung sind schnell zu adaptieren. Begrifflichkeiten werden prägnant erklärt.

Inhaltsübersicht

Seite

Vorwort V
Inhaltsübersicht VII

A Einführung 1

1 Warum energiesparendes Bauen und deren Chancen für den Architekten und Ingenieur 1

2 Grundlagen 3
2.1 Entwicklung der Vorschriften und Verordnungen 3
2.2 Die wichtigsten Begriffe in der Energieberatung 5
2.3 Klimatische Verhältnisse in Deutschland 9
2.4 Einfluss der Gebäudehülle auf das Raumklima 13
2.5 Energiebedarf und Heizzeit von Gebäuden mit unterschiedlichem energetischen Standard 16
2.6 Energiebilanz von Wohngebäuden 21

3 Einstieg in die Energieeinsparverordnung EnEV 26
3.1 Allgemeines zur EnEV 26
3.2 Was ist neu in der EnEV 2009 26
3.3 Aufbau und Anforderungsstruktur der EnEV 27
3.4 Referenzgebäude – Verfahren nach EnEV 30
3.5 Faktoren der Energiebilanz bei Wohngebäuden (Formelsammlung) 33
3.6 Die unterschiedlichen Nachweisverfahren 39
3.7 Wichtige Einflussfaktoren auf die Energiebilanz 40
3.8 U-Werte von Bauteilen neuer und bestehender Gebäude 43
3.9 Einzuhaltende U-Werte bei Sanierungsmaßnahmen 47
3.10 Nachrüstpflicht bei bestehenden Gebäuden 49
3.11 Anlagentechnik 51
3.12 Der Energieausweis 55

4 Einstieg in das EEWärmeG 58

Seite

5 **Energieberatung bei Neubauten** 59
5.1 Anforderungsstruktur des Nutzers (Energiestandard) 59
5.2 Nutzerverhalten 60
5.3 Örtliche Klimarandbedingungen 62
5.4 Architektur der Gebäudehülle 62
5.5 Mehr Heizung oder mehr Dämmung? 63
5.6 Auswahl der Heizungsanlage 64

6 **Energieberatung bei bestehenden Gebäuden** 70
6.1 Energieberatung als Erstinformation 71
6.2 Detaillierte Energieberatung 73
6.3 Was kann bei der energetischen Sanierung falsch gemacht werden 77

7 **Förderungen bei energiesparendem Bauen und Sanieren** 78
7.1 Förderungen durch die KfW-Bank 79
7.2 Förderungen durch die BAFA 82

8 **Fortbildungsmöglichkeiten** 87

9 **Rechenprogramme** 88

10 **DIN-Normen** 89

B **Texte** 93
1. Verordnung über energiesparenden Wärmeschutz und energiesparende Anlagentechnik bei Gebäuden (Energieeinsparverordnung – EnEV) 93
2. Gesetz zur Einsparung von Energie in Gebäuden (Energieeinsparungsgesetz – EnEG) 177
3. Gesetz zur Förderung Erneuerbarer Energien im Wärmebereich (Erneuerbare-Energien-Wärmegesetz – EEWärmeG) 187

C **Sachverzeichnis** 205

A
Einführung

1 Warum energiesparendes Bauen und deren Chancen für den Architekten und Ingenieur

Durch die stetig steigenden Energiepreise in den letzten Jahren ist der Energiebedarf eines Gebäudes stark ins Interesse des Immobilienkäufers und Immobilienbesitzers gerückt. Der Energiebedarf der zu erwerbenden Immobilie spielt nun beim Kauf eine sehr große Rolle. Altbauten werden in Zukunft stärker an Wert verlieren, da oft große Investitionen notwendig sind, um diese auf den heutigen bzw. zukünftigen Energiestandard zu bringen. Die EnEV 2009 hat auch bei Altbauten die Anforderungen an Sanierungen erheblich erhöht. Durch die Einführung des Energiepasses über die DENA (Deutsche Energie-Agentur) und den Energieausweis über die EnEV 2007 wurde dieses Bewusstsein weiter verstärkt. Trotz der gefallenen Energiepreise im Jahre 2008 ist dieser Trend nicht rückläufig.

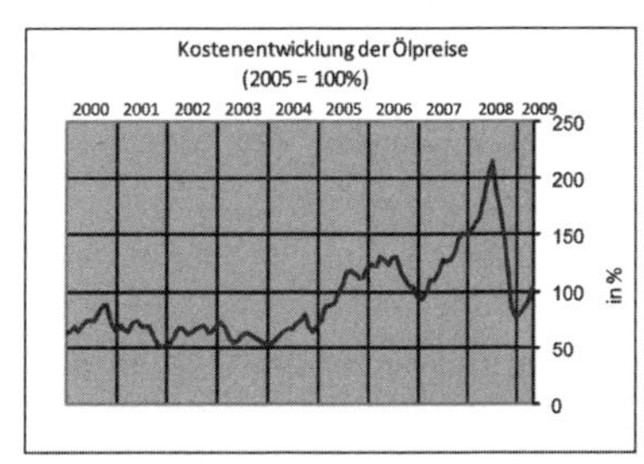

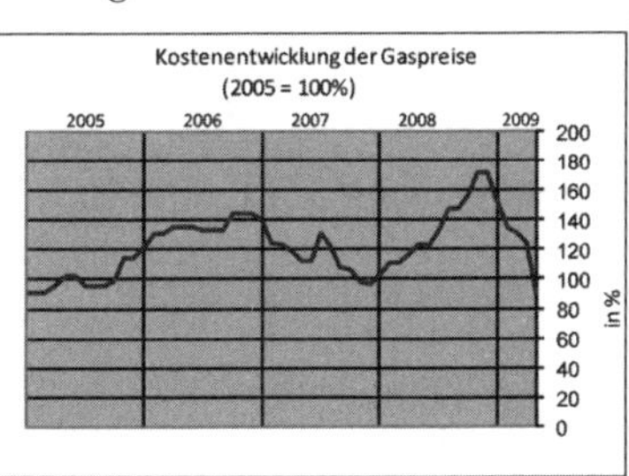

Bild 1: Entwicklung der Energiepreise seit 2000 (Quelle: Bundesamt für Statistik)

a) Nachhaltiges energiesparendes Bauen ist eine Herausforderung

Der Architekt sollte das Aufgabenfeld nicht anderen Berufsgruppen überlassen. Gerade die Architektur ist bei der Umsetzung der neuen Anforderungen an die Gebäude stark gefragt. Dies sollte nicht als Hemmschuh in der Gestaltung gesehen werden, sondern als Herausforderung. Haustechnik und Baumaterialien müssen aufeinander abgestimmt werden. Konstruieren rückt wieder stärker ins Zentrum der Gestaltung. Neue Materialien generieren eine neue Ästhetik. In einem ausgewogenen konstruierten energieeffizienten Gebäude steht der Wärmeschutz und die Anlagentechnik in einem ausgewogenen Verhältnis unter Berücksichtigung der örtlichen Gegebenheiten. Durch die Einführung einer Energiekennzahl für jedes Gebäude wird die

Architektur messbar und gerade diese sollte als Herausforderung gesehen werden.

b) Zeitgewinn durch frühzeitige Berücksichtigung bauphysikalischer Belange

Um so umfangreicher das Wissen bezüglich Wärmeschutz und Anlagentechnik ist, um so früher kann es bei der Planung berücksichtigt werden. Es ergibt sich ein erheblicher Zeitgewinn, wenn die Anforderungen des energiesparenden Bauens von Anfang an beurteilt und berücksichtigt werden können. Auch bei der Zusammenarbeit mit den Fachingenieuren führt ein kompetentes Fachwissen zu schnelleren Problemlösungen.

c) Mehr Freiheit in der Planung

Es gibt viele Möglichkeiten, den Anforderungen der EnEV gerecht zu werden. Das Gebäude darf einen gewissen Primärenergiebedarf nicht überschreiten. Dies kann entweder durch einen hohen Wärmedämmstandard der Gebäudehülle oder durch eine sehr effiziente und umweltfreundliche Anlagentechnik erreicht werden. Je nach Gebäudeart und Nutzerverhalten kann entschieden werden, in was mehr investiert werden soll.

d) Mehr Planungssicherheit

Mehr Wissen bedeutet auch mehr Planungssicherheit. Die hohen Anforderungen an die Gebäudehülle erfordern ein durchdachtes Planungskonzept und eine ausgearbeitete Werk- und Detailplanung, um Bauschäden zu vermeiden. Diese treten immer häufiger auf, da an dieser Detailplanung immer mehr gespart wird. Es liegt am verantwortlichen Planer, den Bauherrn darüber aufzuklären, dass nur durch eine detaillierte gewerkübergreifende Ausführungsplanung Bauschäden vermieden werden können und diese nicht den Handwerkern überlassen werden kann.

e) Mehr Aufträge

Die steigende Nachfrage nach energieeffizienten Gebäuden und die notwendige Sanierung des Altbaubestandes eröffnet dem planenden Architekten oder Ingenieur neue Aufgabengebiete. Diese können aber nur erschlossen werden, wenn das notwendige Fachwissen auf diesem Gebiet vorhanden ist.

2 Grundlagen

2.1 Entwicklung der Vorschriften und Verordnungen

Zur Vermeidung von Feuchteschäden und der Überhitzung von Gebäuden im Sommer wurde 1952 die DIN 4108 „Wärmeschutz und Energieeinsparung in Gebäuden" eingeführt. Die erste Wärmeschutzverordnung zur Verringerung des Energiebedarfs von Gebäuden wurde 1977 verabschiedet. In der nachfolgenden Tabelle wird die Entwicklung der Vorschriften zum Wärmeschutz von Gebäuden mit normaler Innentemperatur dargestellt.

Hinweis:

Der in der Tabelle erwähnte k-Wert wurde 2002 durch die Europäisierung der Normen und Bezeichnungen in den U-Wert umgewandelt. Der U-Wert ist die heute gültige Bezeichnung für den Wärmedurchgangskoeffizienten.

Tabelle 1: Entwicklung der Verordnungen zum baulichen Wärmeschutz

Inkrafttreten	Verordnung	Anforderungen
1952	DIN 4108 Mindestwärmeschutz	Eine Mindestanforderung an den k-Wert von Bauteilen der Gebäudehülle wird eingeführt.
1.11.1977	1. Wärmeschutzverordnung (1. WSCHVO)	Mindestwärmeschutz nach DIN 4108. Neu: Zusätzlich wird ein zul. $k_{m,max}$-Wert in Abhängigkeit des A/V-Verhältnisses eingeführt.
1.1.1984	2. Wärmeschutzverordnung (2. WSCHVO)	Mindestwärmeschutz nach DIN 4108. Die Anforderungen an den zul. $k_{m,max}$-Wert in Abhängigkeit des A/V-Verhältnises werden erhöht. Neu: Anforderungen an die Dichtheit der Fenster durch Begrenzung des Fugendurchlasskoeffizienten. Anforderungen an den k-Wert von Bauteilen bestehender Gebäude bei Sanierungen.
1.1.1995	3. Wärmeschutzverordnung (3. WSCHVO)	Mindestwärmeschutz nach DIN 4108. Die Anforderungen an den k-Wert bei Sanierung von Bauteilen werden weiter erhöht. Neu: Einführung eines zul. Heizwärmebedarfs Q_h in Abhängigkeit des A/V-Verhältnisses. Der zul. Heizwärmebedarf eines Gebäudes gilt nun als Richtwert für die Bemessung der Wärmedämmung. Nachweis des sommerlichen Wärmeschutzes.

Inkrafttreten	Verordnung	Anforderungen
1.2.2002	1. Energieeinsparverordnung (EnEV)	Mindestwärmeschutz nach DIN 4108. Die Anforderungen an den U-Wert bei der Sanierung von Bauteilen werden differenzierter betrachtet und weiter verschärft. Der Nachweis des sommerlichen Wärmeschutzes wird komplexer. Neu: Der zul. Primärenergiebedarf Q_p in Abhängigkeit des A/V-Verhältnisses gilt nun als Kenngröße eines Gebäudes. Es wird nicht mehr allein der Wärmebedarf des Gebäudes betrachtet, sondern auch die Effizienz und Umweltfreundlichkeit der Anlagentechnik. Die Wärmeverluste werden über den zul. Transmissionswärmeverlust H_T begrenzt. Erstmalige Unterscheidung zwischen Wohn- und Nichtwohngebäuden sowie beheizten und niedrig beheizten Gebäuden.
2.12.2004	2. Energieeinsparverordnung (EnEV)	Geringfügige Änderungen im Gesetzestext. Integration der aktualisierten DIN-Normen.
2007	3. Energieeinsparverordnung (EnEV)	Nachweis für Wohngebäude wie bei EnEV 2004 mit geringfügigen Änderungen. Neu: Eigenes Nachweisverfahren für Nichtwohngebäude und bestehende Wohngebäude. Bei Nichtwohngebäuden wird nun auch der Energiebedarf für Belüftung, Kühlung und Beleuchtung mit berücksichtigt. Einführung eines Energieausweises für alle neuen und bestehenden Gebäude.
2009	4. Energieeinsparverordnung (EnEV)	Die Anforderungen an neue Wohn- und Nichtwohngebäude werden weiter verschärft. Die zul. Transmissionswärmeverluste H_T um durchschnittliche 15 %, der zul. Primärenergiebedarf Q_P um durchschnittlich 30 %. Auch die Anforderungen bei Sanierung von bestehenden Gebäuden wurden angehoben. Neu: Der zul. Primärenergiebedarf Q_p ist nun auch bei Wohngebäuden über ein Referenzgebäude zu berechnen. Außerdem dürfen nun auch Wohngebäude nach DIN V 18599 berechnet werden. Das „Vereinfachte Verfahren" für Wohngebäude wurde nicht mehr mit aufgenommen.

2.2 Die wichtigsten Begriffe in der Energieberatung

Tabelle 2: Begriffe in der Energieberatung

Begriff	Erläuterung
Primärenergiebedarf Q_P	Berücksichtigt die **fossile** Energiemenge, die gewonnen werden muss, um den Gesamtenergiebedarf des Gebäudes zu decken. Darin ist auch der fossile Energiebedarf enthalten, der für die Gewinnung, die Umwandlung und den Transport des Energieträgers notwendig ist. Der Anteil an erneuerbarer Energie wird im Primärenergiebedarf nach EnEV nicht berücksichtigt. Der Primärenergiebedarf ist der Kennwert für die energetische Beurteilung von Gebäuden und darf den in der EnEV definierten Wert nicht überschreiten. Dieser wird im Energieausweis ausgewiesen und mit dem zulässigen Wert verglichen. Er sagt aber nichts über den gesamten Energiebedarf des Gebäudes aus, da nur der fossile Anteil an benötigter Energie berücksichtigt wird.
Primärenergiefaktor f_P	Berücksichtigt die fossile Energiemenge für die Gewinnung, die Umwandlung und den Transport des Energieträgers. Dieser wird als insgesamt sowie für den nicht erneuerbaren Anteil angegeben. Der für den nicht erneuerbaren Anteil ist für den Nachweis nach EnEV zu verwenden. Der Anteil an Primärenergie für den erneuerbaren Anteil am Gesamtenergiebedarf wird nicht berücksichtigt.
Anlagenkennzahl e_P	Beschreibt das Verhältnis der von der Anlagentechnik aufgenommenen Primärenergie Q_P in Relation zu der von ihr abgegebenen Nutzwärme (Heizwärmebedarf Q_h + Trinkwasserbedarf Q_W), **einschließlich des Primärenergiefaktors**.
Aufwandszahl e_g	Beschreibt, um wie viel mehr an Energie dem Heizsystem zugeführt werden muss, um die benötigte Heizwärme zu erzeugen.
Endenergiebedarf Q_E	Ist die rechnerisch ermittelte Energiemenge in kWh, die dem Gebäude zum Heizen, Kühlen, Klimatisieren und Beleuchten zugeführt werden muss. Er ist ein theoretischer Wert, der mit normierten Klimaverhältnissen nach EnEV berechnet wird. Er sagt nichts über den tatsächlichen Verbrauch des Gebäudes aus.
Heizwärmebedarf Q_h (nach DIN V 4108-6) Nutzwärmebedarf Heizung $Q_{n,B}$ (nach DIN V 18599-2)	Ist die rechnerisch ermittelte Energiemenge in kWh, die dem Gebäude über ein Heizsystem zur Aufrechterhaltung einer gewünschten Raumtemperatur zugeführt werden muss.
Trinkwasserbedarf Q_w (nach DIN V 4108-6) Nutzwärmebedarf Trinkwasser $Q_{w,B}$ (nach DIN V 18599-2)	Ist die benötigte Menge an warmen Leitungswasser.
Spezifischer Transmissionswärmeverlust H_T (nach DIN V 4108-6) Transmissionswärmetransferkoeffizient H_T (nach DIN V 18599-2)	Kennzeichnet den Wärmestrom, der durch die wärmeübertragende Umfassungsfläche A fließt, wenn die Temperaturdifferenz zwischen Innen und Außen 1K beträgt (W/K). Diese sind der Kennwert für die energetische Qualität der Gebäudehülle und dürfen einen in der EnEV definierten Wert nicht überschreiten. Der spezifische Transmissionswärmeverlust wird im Energieausweis ausgewiesen und mit dem nach EnEV zulässigen Wert verglichen.

Begriff	Erläuterung
Transmissionswärmeverlust Q_T	Bezeichnet die Energieverluste in kWh, die über die Außenhülle eines Gebäudes in einem definierten Zeitraum verloren gehen.
Lüftungswärmeverlust Q_V (nach DIN V 4108-6) Lüftungswärmesenken Q_V (nach DIN V 18599-2)	Bezeichnet die Wärmeverluste in kWh, die infolge Luftaustausch von warmer verbrauchter Innenluft durch frische Außenluft in einem definierten Zeitraum stattfinden.
Solare Wärmegewinne Q_S (nach DIN V 4108-6) Solare Wärmeeinträge Q_s (nach DIN V 18599-2)	Entstehen durch direkte Sonneneinstrahlung auf transparente Bauteile wie Fenster bzw. durch Strahlungsabsorption an den Oberflächen nicht transparenter Bauteile. Es ist die Energiemenge in kWh, die das Gebäude zur Beheizung nutzen kann.
Interne Wärmegewinne Q_i (nach DIN V 4108-6) Interne Wärmequellen Q_i (nach DIN V 18599-2)	Entstehen durch Wärmeabgabe von elektrischen Geräten wie Licht, Computer, Backofen etc. sowie durch Körperwärme von Mensch und Tier. Es ist die Energiemenge in kWh, die das Gebäude zur Beheizung nutzen kann.
Wärmesenken Q_{sink}	Ist die Bezeichnung nach DIN V 18599-2 für Wärmeverluste in einem beheiztem oder gekühlten Gebäude
Wärmequellen Q_{source}	Ist die Bezeichnung nach DIN V 18599-2 für Wärmegewinne in einem beheiztem oder gekühlten Gebäude
Energieverbrauch	Ist der gemessene Energieverbrauch eines bestehenden Gebäudes (Gas, Öl, Holz, Strom etc.).
Passivhaus	Ein Passivhaus ist ein Gebäude, dessen Heizwärmebedarf Q_h nicht mehr als 15 kWh/(m² · a) und dessen Primärenergiebedarf Q_P einschließlich Warmwasser und Haushaltsstrom nicht mehr als 120 kWh/(m² · a) beträgt. Im Vergleich zu konventionellen Gebäuden benötigt ein Passivhaus 80–90 % weniger Heizenergie. Für den Nachweis von Passivhäusern gibt es ein eigenes Nachweisverfahren, das vom Passivhaus-Institut entwickelt wurde. Alles Wissenswerte über Passivhäuser und deren Nachweisverfahren kann man dort erfahren (www.passiv.de).
KfW-Bank	Kreditanstalt für Wiederaufbau. Die KfW Förderbank fördert energiesparendes Bauen und Maßnahmen zur CO_2- Minderung im Bestand. Die Fördergelder können nicht direkt bei dieser Bank beantragt werden, sondern sind immer über die eigene Hausbank zu beantragen (www.kfw.de).
KfW Energiesparhaus	Ein KfW Energiesparhaus ist ein neues Gebäude, das auf Grund seines geringen Energiebedarfs über die KfW-Bank mit zinsgünstigen Darlehen gefördert wird (www.kfw.de).
KfW Passivhaus	Für die Förderung durch die KfW-Bank darf der Heizwärmebedarf nicht mehr als 15 kWh/(m² · a) und deren Primärenergiebedarf nach EnEV nicht mehr als 40 kWh/(m² · a) betragen.
KfW 55 Energiesparhaus	Ist ein Gebäude, dessen Primärenergieverbrauch und Transmissionswärmeverluste nicht mehr als 55 % der zulässigen Werte nach EnEV ausmachen. Außerdem darf der Primärenergiebedarf nicht mehr als 40 kWh/(m²a) betragen.
KfW 70 Energiesparhaus	Ist ein Gebäude, dessen Primärenergieverbrauch und Transmissionswärmeverluste nicht mehr als 70 % der zulässigen Werte nach EnEV ausmachen. Außerdem darf der Primärenergieverbrauch nicht mehr als 60 kWh/(m²a) betragen.

Begriff	Erläuterung
DENA	Deutsche Energie-Agentur. Die Deutsche Energie-Agentur GmbH (dena) ist ein Kompetenzzentrum für Energieeffizienz und regenerative Energien. Ihre zentralen Ziele sind die rationelle und damit umweltschonende Gewinnung, Umwandlung und Anwendung von Energien sowie die Entwicklung zukunftsfähiger Energiesysteme unter besonderer Berücksichtigung der verstärkten Nutzung von regenerativen Energien. Ihre Gesellschafter sind die Bundesrepublik Deutschland und die KfW Bankengruppe. Sie wurde im Herbst 2000 mit Sitz in Berlin gegründet. Eines ihrer großen Projekte war die Einführung des Energiepasses (jetzt Energieausweis). (www.dena.de)
BAFA	Bundesamt für Wirtschaft und Ausfuhrkontrolle. Eine Aufgabe dieses Amtes ist u. a. das Ziel einer ökonomisch und ökologisch ausgewogenen sowie langfristig sicheren Energieversorgung. Der Schwerpunkt liegt dabei in der Förderung erneuerbarer Energien. Ein weiterer Schwerpunkt ist die geförderte Energieberatung „Vor-Ort-Beratung" (www.bafa.de).
Vor-Ort-Beratung	Ist eine über die BAFA geförderte Energieberatung vor Ort. Alle Hausbesitzer, die ein Gebäude mit Baugenehmigung vor dem 31.12.1994 besitzen, können eine über die BAFA geförderte Energieberatung (Vor-Ort-Beratung) durch einen bei der BAFA zertifizierten Energieberater beantragen. Die Fördergelder werden über den Energieberater beantragt und an diesen ausgezahlt (www.bafa.de).
Niedrigenergiehaus	Der Begriff Niedrigenergiehaus wird heute bei Neubauten nicht mehr benutzt. Diese Gebäude wurden vor der Einführung der EnEV 2002 gefördert, wenn sie die Anforderungen der WSCHVO von 1995 um 30 % unterschritten. Durch die erhöhten Anforderungen der EnEV 2002 gegenüber der WSCHVO von 1995 wurde das Niedrigenergiehaus zum heutigen Standard.
Niedrigenergiehaus im Bestand	Ist ein Modellvorhaben der DENA in Zusammenarbeit mit der KfW-Bank zur Förderung energetischer Sanierungsmaßnahmen im Bestand. Bei diesem Projekt wird die energetische Sanierung von bestehenden Gebäuden gefördert, die durch eine Sanierung den Niedrigenergiehausstandard im Bestand erreichen. Dabei muss der Primärenergiebedarf nach der Sanierung um 30 bzw. 50 % und die zul. Transmissionswärmeverluste um 35 bis 55% unter den Anforderungen der EnEV für Neubauten liegen (www.dena.de).
Fossile Energiequellen	Sind endliche Energien. Sie sind vor mehreren Milliarden Jahren durch Ablagerungen von mikroskopisch kleinen Meereslebewesen entstanden. Zu den fossilen Energiequellen gehören Erdöl, Erdgas, Steinkohle und Braunkohle. Die Verbrennung von fossilen Brennstoffen wird als umweltschädlich eingestuft, da das über Jahrmillionen gespeicherte CO_2 in kurzer Zeit wieder freigesetzt wird und in der Atmosphäre den viel zitierten Treibhauseffekt mit verursacht.

Begriff	Erläuterung
Regenerative Energiequellen	Sind Energiequellen, die sich laufend erneuern und unerschöpflich zur Verfügung stehen. Unterschieden wird hier zwischen Energie, die aus direkter Sonneneinstrahlung z. B. durch Photovoltaikelemente Strom oder durch Solarkollektoren Wärme erzeugen, und umgewandelter Strahlungsenergie, die als Wind-, Wasser- oder Bioenergie zur Verfügung steht. Zu den regenerativen Energiequellen zählt auch geothermische Energie sowie Erdwärme und Gravitationsenergie. Die Nutzung von regenerativen Energiequellen wird als umweltfreundlich eingestuft, da bei deren Umwandlung in nutzbare Energie die Atmosphäre nicht mit zusätzlichen schädlichen Gasen wie CO_2 belastet wird. Das bei der Verbrennung von Biomasse freiwerdende CO_2 wird durch nachwachsende Pflanzen wieder gebunden.
Passive Nutzung von Solarenergie	Ist die direkte Nutzung von Sonnenenergie. Dies sind z. B. solare Wärmegewinne über transparente Bauteile in beheizten Gebäuden. Eine durchdachte architektonische Bauweise kann erheblich zur passiven Nutzung von Sonnenenergie beitragen. Nach Süden orientierte Fenster, vorhandene Speichermassen sowie ein schnell regulierendes Heizsystem im Gebäude sind die Voraussetzung dafür.
Aktive Nutzung von Solarenergie	Ist die indirekte Nutzung von Sonnenenergie. Hierbei wird direkte und indirekte Sonnenenergie durch eine Anlagentechnik zur Erwärmung eines Wärmeträgers genutzt. Direkte Sonnenenergie kann durch Photovoltaikelemente in Strom umgewandelt oder über Solarkollektoren zur Erwärmung von Luft oder Wasser genutzt werden. Indirekte Sonnenenergie steht als Erdwärme, Wind, Wasser oder Biomasse zur Verfügung.
Energieausweis	In der EU-Richtlinie 2002/91/EG „Gesamtenergieeffizienz von Gebäuden" wurde die Einführung eines Ausweises über den Energieverbrauch für Neu- und Bestandgebäude festgelegt. Mit der EnEV 2007 wurde dieses in nationales Recht umgesetzt. Durch die Einführung des Energieausweises soll das Bewusstsein über den Energieverbrauch von beheizten und gekühlten Gebäuden gestärkt und Besitzer von Immobilien mit hohem Energieverbrauch dazu ermuntert werden, diese energetisch zu sanieren. Im Energieausweis wird der Primär- und Endenergieverbrauch bzw. der gemessene Energieverbrauch grafisch dargestellt und mit anderen Gebäuden verglichen. Dadurch bekommt der Käufer oder Mieter die Möglichkeit, die energetische Qualität der zu erwerbenden oder zu mietenden Immobilie beurteilen zu können und mit anderen Immobilien zu vergleichen.
Energiepass	Zur Einführung des Ausweises über den Energieverbrauch für Neu- und Bestandsgebäude wurde von der DENA im Herbst 2003 eine Feldversuch gestartet. In diesem wurde der jetzige Energieausweis Energiepass genannt. Alle Energiepässe, die vor Inkrafttreten der EnEV 2007 erstellt und über die DENA registriert wurden, haben weiterhin Gültigkeit.

2.3 Klimatische Verhältnisse in Deutschland

Um die Gebäude innerhalb Deutschlands miteinander vergleichen zu können, sind für den Nachweis nach EnEV und den Energieausweis die mittleren Durchschnittswerte von Deutschland zu verwenden. Zur Beurteilung der energetischen Qualität eines Gebäudes und für eine energetisch optimierte Planung ist es aber notwendig, die klimatischen Verhältnisse vor Ort zu berücksichtigen. Diese können regional sehr unterschiedlich sein. Insbesondere für die Beurteilung der wirtschaftlichen Nutzung von Solarenergie (aktiv und passiv) ist die genaue Betrachtung der Wetterdaten vor Ort notwendig.

In kalten Regionen mit geringer Strahlungsintensität, z. B. Harzgerode (siehe Tabelle 3), ist es wirtschaftlich gesehen sinnvoller, mehr Geld in die Wärmedämmung der Gebäudehülle zu investieren als in die Nutzung von Solarenergie. In Regionen mit hoher Strahlungsintensität (z. B. Garmisch-Partenkirchen) ist die Nutzung von Solarenergie, je nach Gebäudenutzung, durchaus lukrativ.

Durchschnittliche Wetterdaten in Deutschland (nach DIN V 4108-6):

Außentemperatur:	8,9 °C,
Strahlungsangebot im Jahr auf eine 30° geneigte Fläche:	1.216 kWh/m²

In der nachfolgenden Tabelle ist das Strahlungsangebot der einzelnen Regionen mit deren durchschnittlicher Außentemperatur dargestellt.

Tabelle 3: Wetterdaten der einzelnen Regionen in Deutschland nach DIN V 4108-6

	Region															
		1	2	3	4	5	6	7	8	9	10	11	12	13	14	15
	Deutschland	Norderney	Hamburg	Arkona	Potsdam	Braunschw.	Harzgerode	Essen	Geisenheim	Chemnitz	Hof	Freudenstadt	Mannheim	Freiburg	München	Garmisch-P.
Orientierung	Durchschnittliche Strahlungsintensität in Deutschland in W/m² auf eine 90° geneigte Fläche															
Süd	810	838	754	838	799	796	769	730	780	879	849	825	800	862	875	1016
Ost	713	644	617	640	640	628	639	600	623	687	682	662	651	690	694	764
West	713	671	606	683	629	631	582	577	620	663	645	675	648	677	705	738
Nord	433	415	391	387	397	413	406	391	400	402	365	462	411	414	435	422
gesamt	2669	2568	2368	2548	2465	2468	2396	2298	2423	2631	2541	2624	2510	2643	2709	2940
Abweichung in %	100	96	89	95	92	92	90	86	91	99	95	98	94	99	101	110
Außentemperatur °C Durchschnitt im Jahr	8,9	9	8,7	7,9	8,7	6,8	6,9	9,6	9,9	7,9	6,4	9,1	10,2	10,8	7,5	6,5
Abweichung in %	100	101	98	89	98	76	78	108	111	89	72	102	115	121	84	73

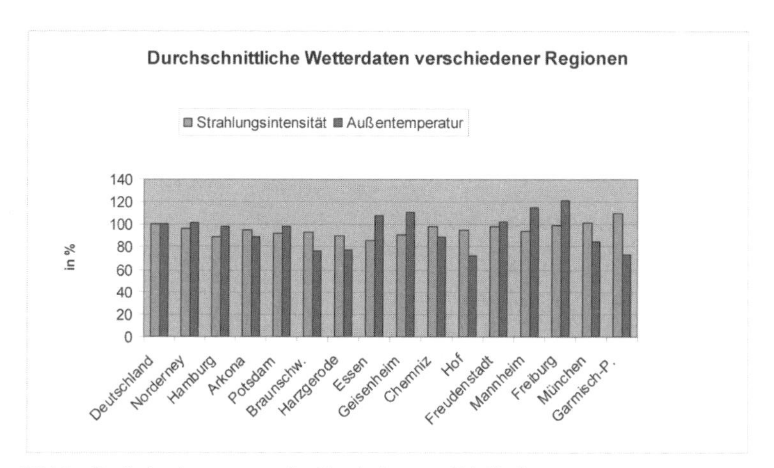

Bild 2: Grafische Auswertung der Ergebnisse aus Tabelle 3

In der Tabelle 3 und Bild 2 ist gut erkennbar, welche Unterschiede bezüglich des Strahlungsangebots und der Außentemperatur in ganz Deutschland vorhanden sind. So wird z. B. in der Region Hof eine durchschnittliche Außentemperatur von 6,4 °C gemessen und in der Region Freiburg 10,8 °C. Das ist ein Temperaturunterschied von 4,4 °C, der sich auf den tatsächlichen Energiebedarf erheblich auswirkt. Das größte Strahlungsangebot in Deutschland wird in der Region Garmisch-Partenkirchen gemessen. Es ist um 24 % höher als in der Region Essen.

In der nächsten Grafik wurde untersucht, wie sich das Strahlungsangebot bezüglich des Neigungswinkels der Fläche in den einzelnen Monaten auf ein südorientiertes Fenster darstellt.

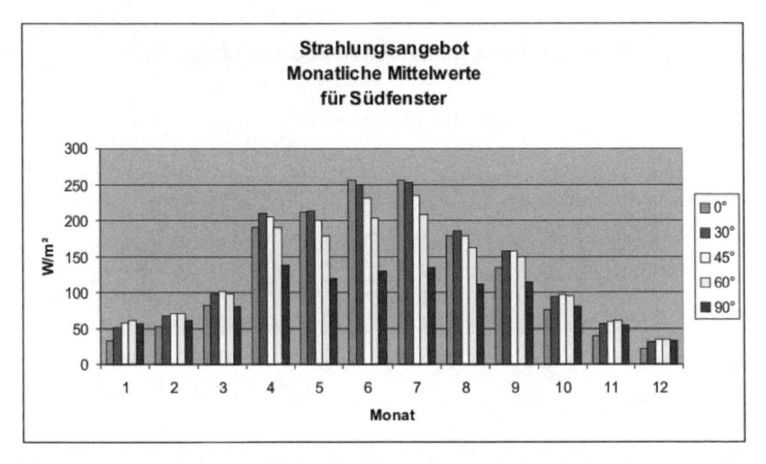

Bild 3: Mittleres durchschnittliches Strahlungsangebot für Deutschland nach DIN 4108-6

Bild 3 zeigt, dass in den Wintermonaten die Neigung der Fensterfläche (außer horizontale Flächen) eine geringe Rolle bezüglich der möglichen solaren Wärmegewinne spielt. Bei Nutzung von Solarkollektoren zur Brauchwasserunterstützung ist der ideale Aufstellwinkel zwischen 0° und 60°, da mit diesem Winkel im Sommer das größte Strahlungsangebot zur Verfügung steht.

Beim Einsatz von Solarkollektoren zur Heizungsunterstützung ist es durchaus sinnvoll, diese sehr steil aufzustellen. Es werden große Flächen benötigt, damit in den strahlungsarmen Wintermonaten genügend Energie gewonnen werden kann, um einen Teil des Heizwärmebedarfs und den Trinkwasserbedarf decken zu können. In den strahlungsreichen Sommermonaten wird aber nur Energie für die Trinkwasserbereitung benötigt, so dass es hier zu einem Überangebot kommt. Der steile Aufstellwinkel verringert das Überangebot an Wärmegewinnen. Wenn ein großer Solarspeicher vorhanden ist, der das Überangebot im Sommer speichern kann, sollten diese wiederum zwischen 0° und 60° geneigt werden.

Zudem ist erkennbar, dass geneigte Fensterflächen im Sommer wesentlich mehr Wärmegewinne verursachen als senkrechte, was leicht zur Überhitzung der dahinter liegenden Räume führen kann.

Ein weiteres Kriterium für die Beurteilung von solaren Wärmegewinnen ist die Himmelsrichtung.

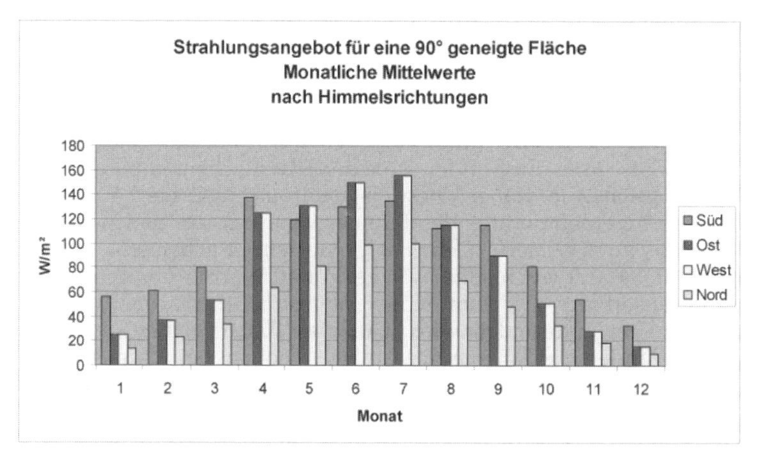

Bild 4: Mittleres durchschnittliches Strahlungsangebot für Deutschland nach DIN 4108-6 für verschiedene Himmelsrichtungen

Aus Bild 4 geht hervor, dass in den Wintermonaten die meisten solaren Wärmegewinne über nach Süden orientierte Flächen möglich sind, hingegen in den Sommermonaten die nach Ost/West orientierten Flächen höhere Werte erzielen. Dies sollte z. B. bei der Anordnung von Schlafräumen beachtet werden, da diese in den Abendstunden der Sommermonate leicht überhitzt werden können.

Bei der Nutzung von Wärme aus Solarkollektoren zur Heizungsunterstützung müssen diese unbedingt nach Süden orientiert werden.

Dies ist nur eine kleine Auswertung der Wetterdaten in Deutschland. Sie soll aufzeigen, wie wichtig es ist, die Wettereinflüsse bei der Planung von Gebäuden zu berücksichtigen.

2.4 Einfluss der Gebäudehülle auf das Raumklima

Ein gut gedämmtes und belichtetes Gebäude mit einer durchdachten Anlagentechnik verringert nicht nur den Energiebedarf und somit die Energiekosten, sondern trägt auch wesentlich zu einem behaglichen Raumklima bei. Durch ein energetisch optimiertes Gebäude werden physikalische Kenngrößen, die für das Wohlbehagen in einem Raum verantwortlich sind, positiv beeinflusst.

a) Angenehme Raumtemperatur durch hohe Oberflächentemperatur der Außenbauteile

Die Raumtemperatur ist eine der zentralen Kriterien für das Wohlbefinden. Je nach Temperaturempfinden der Bewohner wird der Innenraum von diesem unterschiedlich warm beheizt. Stark beeinflusst wird dieses Empfinden von der Oberflächentemperatur der Außenbauteile. Je höher diese ist, um so niedriger kann die beheizte Innentemperatur des Raumes sein, um das gleiche Wohlbefinden zu erzielen. Denn, so wie ein Kachelofen Wärme abstrahlt, strahlt auch eine warme Wand Wärme ab. Eine kalte Wand absorbiert die vom Köper abgestrahlte Wärme, was als unangenehm empfunden wird. Um dies auszugleichen, muss bei kalten Wänden die Innentemperatur angehoben, bei warmen Wänden gesenkt werden. Wenn der Temperaturunterschied zwischen Innenluft und Oberflächentemperatur der Außenbauteile stark differiert, entsteht zusätzlich eine Zirkulation der Luft im Raum, die wiederum meist als unbehaglich empfunden wird. Hohe Oberflächentemperaturen können durch gut gedämmte Wände erzielt werden (siehe Bild 5).

Eine gut gedämmte Gebäudehülle verringert nicht nur im Winter den Wärmefluss von innen nach außen, sondern auch im Sommer von außen nach innen. Dadurch kann auch im Sommer ein angenehmes Raumklima sichergestellt werden.

Zusammenstellung der Vorteile einer gut gedämmten Gebäudehülle:

- geringe Wärmeleitfähigkeit und dadurch geringere Energiekosten
- angenehme Oberflächentemperatur der Außenbauteile
- angenehme Raumtemperatur, keine Überhitzung
- keine Zirkulationen durch starke Temperaturunterschiede im Raum
- niedrigere Innentemperaturen verringern wiederum die Wärmeverluste, da sich diese proportional zum Temperaturunterschied zwischen innen und außen einstellen
- Beitrag zum sommerlichen Wärmeschutz.

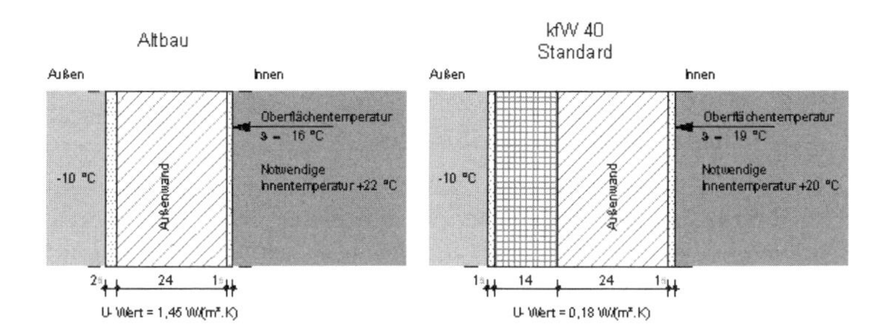

Bild 5: Oberflächentemperaturen von Außenwänden in Abhängigkeit ihrer U-Werte

Bei einem U-Wert der Außenwand von 1,45 W/(m² · K) weist diese eine Oberflächentemperatur von nur 16 °C auf, bei einer notwendigen Innentemperatur für das Wohlbefinden von 22 °C. Bei einer Wand mit einem U-Wert von 0,18 W/(m² · K) steigt die Oberflächentemperatur auf 19 °C. Die notwendige Innentemperatur für das Wohlbefinden kann dadurch auf 19–20 °C gesenkt werden.

b) Gute Luftqualität durch Lüftungsanlagen bei einer dichten Gebäudehülle

Durch eine dichte Gebäudehülle kann der Luftwechsel im Gebäude reguliert und den Anforderungen angepasst werden. Bestehende Gebäude mit undichten Fenstern und Bauteilanschlüssen benötigen zwar keine Lüftungsanlage, aber der vorhandene Luftwechsel ist meist wesentlich höher als notwendig, was unangenehme Zugerscheinungen verursacht und zu unnötigen Wärmeverlusten führt. Durch eine kontrollierte Lüftungsanlage ist es möglich, den Luftaustausch auf die vorhandenen Gegebenheiten einzustellen und individuell zu regulieren, wodurch eine gleichmäßige und schadstofffreie Luftqualität gewährleistet werden kann. Dies führt wiederum zu einer hohen Wohnqualität im Gebäude.

Zusammenstellung der Vorteile einer dichten Gebäudehülle:

- keine Zugerscheinungen im Gebäude
- keine unnötigen Lüftungswärmeverluste und dadurch geringere Energiekosten
- gleich bleibend gute Luftqualität

- geringer Schadstoff- und Pollenstaubgehalt der Luft durch Filter in den Zuluftöffnungen
- geringere Lärmbelastung durch geschlossene Fenster.

c) Ausreichende natürliche Belichtung

Ein weiteres Kriterium für das Wohlbefinden in einem geschlossenen Gebäude ist eine ausreichende Belichtung. Diese sollte nach Möglichkeit weitgehend über direktes Tageslicht erfolgen. Lichtdurchflutete Räume sind heute das Markenzeichen guter Architektur. Großzügige Fensteröffnungen lassen Licht und Wärme ins Haus, wodurch Sonnenenergie passiv genutzt und Strom für die Belichtung eingespart werden kann. Es sollte aber darauf geachtet werden, dass durch zu hohe solare Wärmegewinne und blendendes Licht diese nicht wieder voll verschattet werden müssen, wodurch die Räume wieder künstlich zu belichten sind. Zu hohe solare Wärmegewinne sollten außerdem nach Möglichkeit nicht über Klimaanlagen reguliert, sondern über diffuse Verschattungseinrichtungen, Kühldecken sowie ausreichende Belüftung und Zirkulation vermieden werden.

Zusammenstellung der Vorteile optimierter Fensteröffnungen:

- lichtdurchflutete Räume und dadurch hohe Wohnqualität
- Verringerung der Wärmeverluste durch Nutzung passiver solarer Wärmegewinne
- Verringerung des Energiebedarfes für künstliche Belichtung.

Voraussetzung: Ausreichende und wohldosierte Beschattung (nicht Verschattung).

2.5 Energiebedarf und Heizzeit von Gebäuden mit unterschiedlichem energetischen Standard

Der Energiebedarf von Gebäuden wurde in den letzten 40 Jahren stetig verringert. Durch die WSCHVO von 1984 und 1995 sowie die jetzt gültige Energieeinsparverordnung EnEV 2009 musste die Baustoffindustrie Baustoffe entwickeln, die eine immer geringere Wärmeleitfähigkeit aufweisen. Die Wärmeleitfähigkeit von Ziegeln wurde in den letzten 20 Jahren von $\lambda = 0{,}36\ W/(m \cdot K)$ auf $0{,}08\ W/(m \cdot K)$ gesenkt. Wärmedämmstoffe sind mit einem λ-Wert von bis zu $0{,}025\ W/(m \cdot K)$ auf dem Markt erhältlich. Vakuumdämmplatten erzielen sogar noch wesentlich bessere Werte. Auch die Wärmeleitfähigkeit der Fenster konnte in den letzten 20 Jahren erheblich verringert werden. Bis zum

Inkrafttreten der Wärmeschutzverordnung von 1995 besaßen Isolierglasscheiben einen mittleren U_G-Wert von 2,7 W/(m² · K). Der jetzige Standard liegt bei ca. 1,1 W/(m² · K). Zu empfehlen sind aber auch jetzt schon Gläser mit einem U_G-Wert von 0,7 W/(m² · K). Es sind aber auch Wärmeschutzgläser mit einem U_G-Wert von bis zu 0,4 W/(m² · K) erhältlich.

Nicht nur die Wärmeverluste über die Gebäudehülle wurden erheblich verringert, sondern auch die Effizienz der Anlagentechnik verbessert. Erreichen alte Niedertemperaturkessel und Standardkessel gerade mal einen Wirkungsgrad von ca. 70 %, können neue Heizungsanlagen mit Brennwerttechnik einen Wirkungsgrad von bis zu 98 % erzielen. Die Emissionen konnten dadurch erheblich gesenkt werden. Folgende Grafik zeigt den Primärenergiebedarf verschiedener Gebäudestandards.

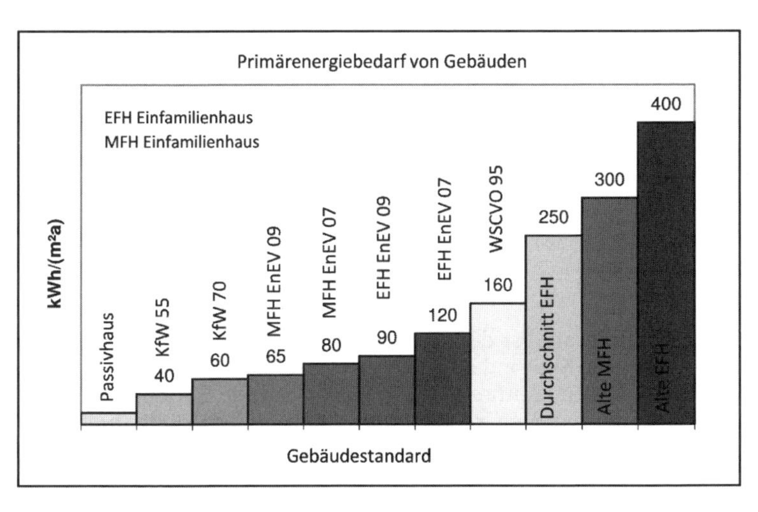

Bild 6: Primärenergiebedarf im Vergleich

Ein gut gedämmtes Gebäude benötigt nicht nur weniger Energie, um ein Temperaturniveau aufrechtzuhalten, sondern muss auch über eine wesentlich kürzere Zeit mit Wärme versorgt werden. Die Heizzeit wird durch die Heizgrenztemperatur festgelegt, die über einen Außentemperaturfühler gemessen wird. Unterschreitet die Außentemperatur die eingestellte Grenztemperatur, wird die Heizung eingeschaltet.

Gebäude mit einem Dämmstandard vor Einführung der WSCHVO von 1977 haben eine durchschnittliche Heizgrenztemperatur von ca. 15 °C (Bild 7). Das bedeutet, wenn die Außentemperatur unter 15 °C sinkt, muss das Gebäude auf Grund seiner schlechten Dämmeigenschaft beheizt werden.

Wenn man die durchschnittliche Außentemperatur von Deutschland annimmt, ergibt dies eine Heizzeit von ca. 275 Tagen. Gebäude mit diesem Dämmstandard müssen von Mitte September bis Mitte Juni mit Heizwärme versorgt werden. Der Primärenergiebedarf liegt bei bis zu 430 kWh/(m² · a).

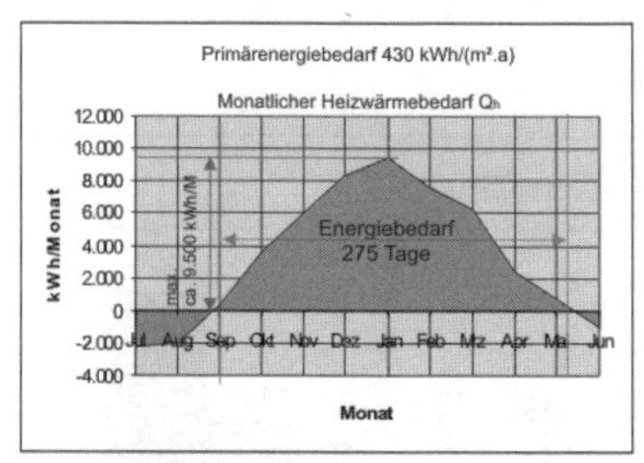

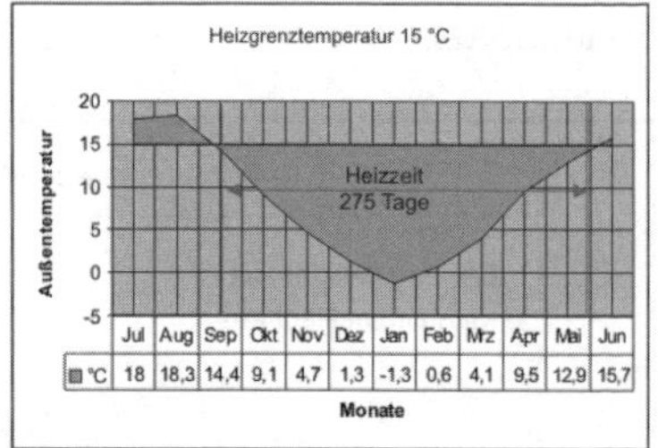

	Jul	Aug	Sep	Okt	Nov	Dez	Jan	Feb	Mrz	Apr	Mai	Jun
°C	18	18,3	14,4	9,1	4,7	1,3	-1,3	0,6	4,1	9,5	12,9	15,7

Bild 7: Heizzeit und Heizwärmebedarf eines Einfamilienhauses mit einem Energiestandard vor 1977

In der linken Grafik ist der Energiebedarf dargestellt. Von Mitte September bis Ende Mai sind die Wärmeverluste größer als die Wärmegewinne. In diesem Zeitraum muss dem Gebäude Energie zugeführt werden. In der rechten Grafik ist der Zeitraum dargestellt, in dem die Außentemperatur unter die Heizgrenztemperatur von 15 °C fällt. Der Zeitraum deckt sich mit der linken Grafik. Der maximal notwendige Energiebedarf pro Monat liegt bei dem untersuchten Einfamilienhaus im Januar bei ca. 9.500 kWh.

Mit den erhöhten Wärmeschutzanforderungen durch die Einführung der Wärmeschutzverordnung von 1995 konnte die Heizgrenztemperatur um 3 °C auf 12 °C gesenkt werden (Bild 8). Dadurch verringerte sich die durchschnittliche Heizzeit von Wohngebäuden um ca. 2 Monate. Der Energiebedarf wurde dadurch auf durchschnittlich 178 kWh/(m² · a) gesenkt.

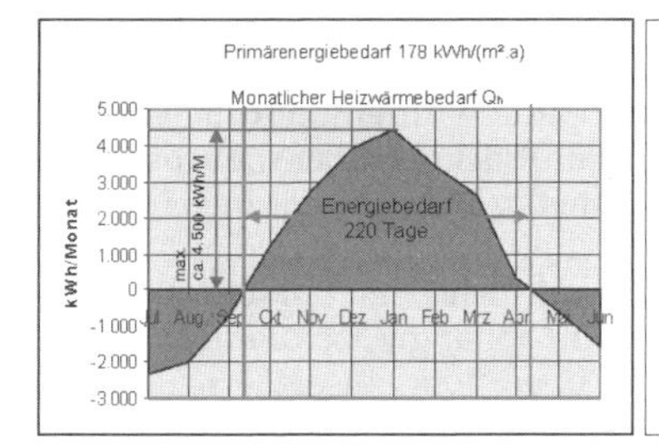

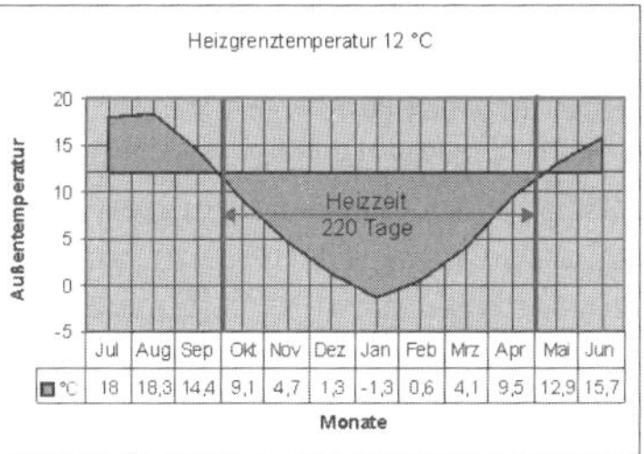

Bild 8: Heizzeit und Heizwärmebedarf eines Einfamilienhauses mit einem Energiestandard nach 1995

Wie aus der linken Grafik hervorgeht, hat sich nicht nur der Zeitraum von Ende September bis Ende April wesentlich verringert, in dem die Wärmeverluste größer sind als die Wärmegewinne, sondern auch der maximal notwendige monatliche Primärenergiebedarf von nun 4.500 kWh im Monat Januar. Dieser wurde mehr als halbiert. Dadurch hat sich auch die notwendige Heizleistung der Heizungsanlage wesentlich vermindert.

Mit dem Inkrafttreten der Energieeinsparverordnung EnEV 2002, durch die der Niedrigenergiehausstandard eingeführt wurde, verringerte sich die durchschnittliche Heizzeit für neue Gebäude noch einmal um 1½ Monate auf 185 Tage. Die Heizgrenztemperatur wurde auf Grund des nun sehr guten Dämmstandards noch einmal um 2 °C auf 10 °C gesenkt.

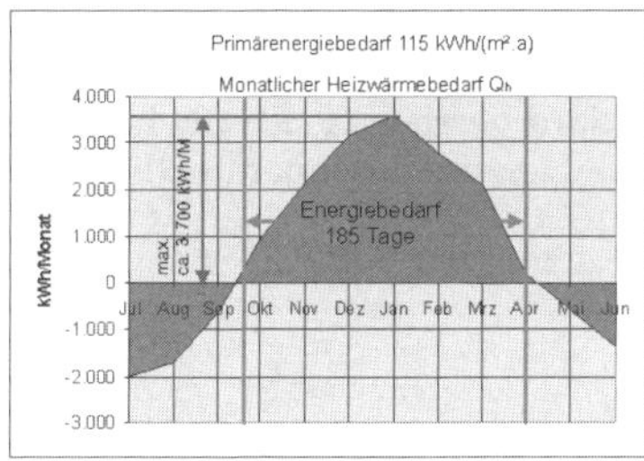

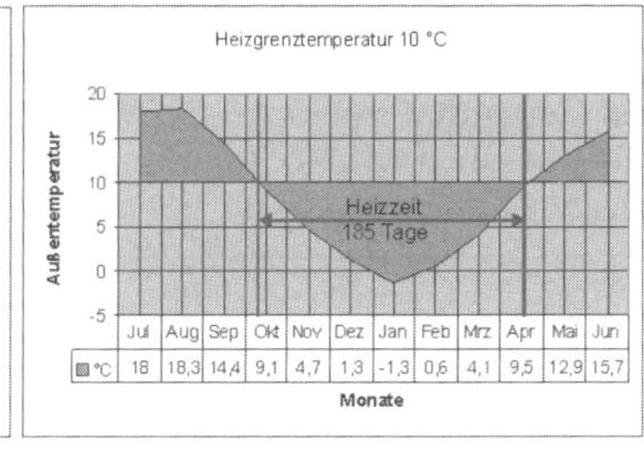

Bild 9: Heizzeit und Heizwärmebedarf von Wohngebäuden mit einem Energiestandard nach EnEV 2002

Durch diese erhöhten Anforderungen wurde der monatliche Primärenergiebedarf bei Neubauten auf durchschnittlich 115 kWh/(m² · a) gesenkt. Die maximal notwendige Energiemenge liegt im Januar bei nur noch 3.700 kWh im Monat.

Mit dem Inkrafttreten der Energieeinsparverordnung EnEV 2009 und den EEWärmeG werden die Anforderungen in erster Linie an den Primärenergiebedarf verschärft. Die zul. Werte wurden um durchschnittlich 30 % gesenkt. Erreicht wird dies hauptsächlich über die Nutzungspflicht erneuerbarer Energien (EEWärmeG). Die Anforderungen an die Gebäudehülle wurden nur um durchschnittlich 15 % gesenkt. Aus diesem Grund verringert sich die durchschnittliche Heizzeit und die Heizgrenztemperatur nur geringfügig, davon abhängig, ob die notwendige Einsparung an Primärenergie mehr über den Einsatz erneuerbarer Energien oder über eine wesentliche Verbesserung des Dämmstandards der Gebäudehülle erreicht werden (siehe auch Kapitel 4).

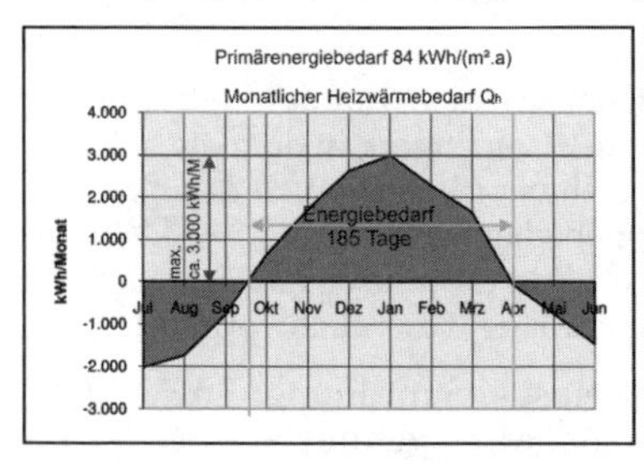

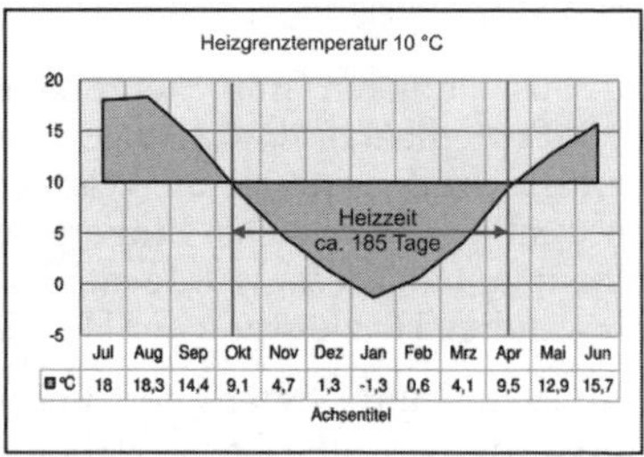

Bild 9a: Heizzeit und Heizwärmebedarf von Wohngebäuden mit einem Energiestandard nach EnEV 2009

Durch die weitere Verschärfung der Anforderungen wurde der monatliche Primärenergiebedarf bei Neubauten auf durchschnittlich 84 kWh/(m² · a) gesenkt. Die maximal notwendige Energiemenge liegt im Januar bei nur noch ca. 3.000 kWh im Monat.

Bei Gebäuden mit einem KfW 55 Standard verringert sich die Heizzeit auf nur noch ca. 155 Tage im Jahr. Die Heizgrenztemperatur liegt bei diesem Energiestandard bei ca. 8 °C.

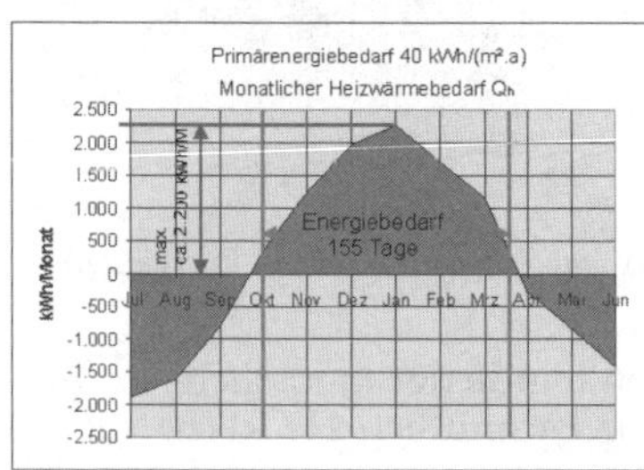

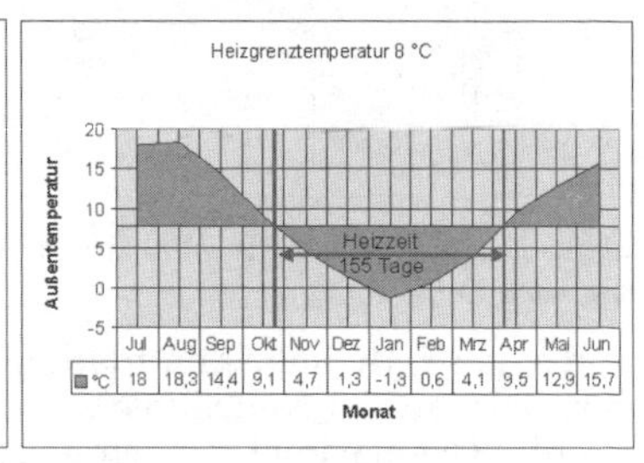

Bild 10: Heizzeit und Heizwärmebedarf von Wohngebäuden mit einem KfW 55 Standard

Durch die kurze Heizzeit und den geringen Energiebedarf ist es möglich, diese Gebäude mit kleinen Heizungsanlagen und der Nutzung von Sonnenenergie zu beheizen. Es muss zwar mehr Geld in die Gebäudehülle investiert werden, dafür sind die laufenden Kosten für den Energiebedarf sehr gering. Energiepreissteigerungen wirken sich nur noch unwesentlich auf die laufenden Kosten aus.

2.6 Energiebilanz von Wohngebäuden

Die Energiebilanz eines Wohngebäudes wird durch eine Vielzahl von Faktoren beeinflusst. Damit die notwendige Energie für die Beheizung und die Erwärmung des Trinkwassers bereitsteht, wird ein Energieträger benötigt, der durch ein Heizsystem in Wärme umgewandelt und durch ein Verteilungssystem an den gewünschten Ort transportiert wird.

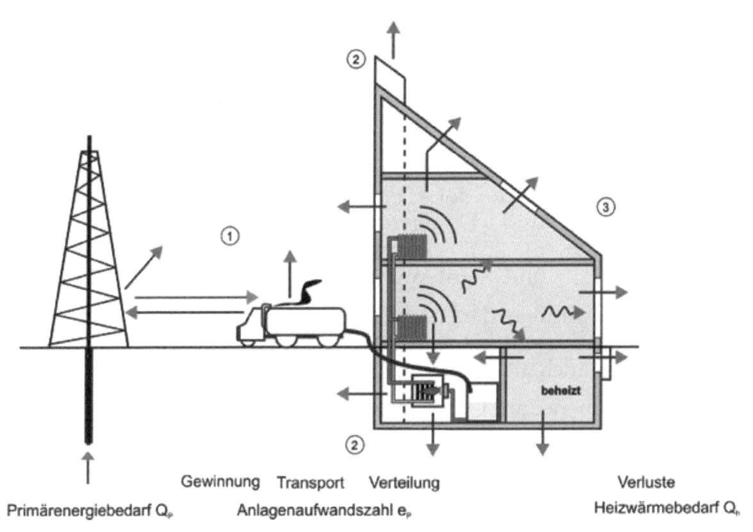

Bild 11: Energiestrom von der Energiequelle bis zum Bestimmungsort (Quelle: „Wärmeschutz und Energiebedarf nach EnEV", Volland/Volland)

Der Primärenergiebedarf Q_P setzt sich zusammen aus dem Heizwärmebedarf Q_h ,dem Warmwasserbedarf Q_W sowie aus dem Energiebedarf für Gewinnung und Transport des Energieträgers und den Verlusten bei der Umwandlung in Wärme und deren Verteilung.

Wird das Gebäude gekühlt, muss noch der Primärenergieaufwand $Q_{P,c}$ für die Kühlung berücksichtigt werden. Der Energiebedarf für Gewinnung und Transport sowie Umwandlung und Verteilung wird durch die Anlagenaufwandszahl e_P (Anlagenaufwandszahl = Anlagenkennzahl) ausgedrückt. Zu beachten ist, dass im Primärenergiebedarf nur die fossile Energiemenge berücksichtigt wird. Energiegewinne aus regenerativen Energiequellen bleiben unberücksichtigt (siehe Bild 16).

$Q_P = (Q_h + Q_W) \cdot e_P$ + Anteil für Kühlung

Der Warmwasserbedarf Q_W wird nach DIN V 4701-10 mit 12,5 kWh/(m²a) angesetzt. Wird nach DIN V 18599 gerechnet, ist bei Einfamilienhäuser der Warmwasserbedarf auch mit 12 kWh/(m² · a) anzusetzen, jedoch bei Mehrfamilienhäuser ist mit einem höheren Warmwasserbedarf von 16 kWh/(m² · a) zur rechnen. Zu beachten ist jedoch, dass bei der Berechnung nach DIN 18599-2 der Warmwasserbedarf auf die Wohnfläche bezogen wird.

Wird das Wohngebäude gekühlt, ist hierfür ebenfalls ein pauschaler Faktor nach EnEV Anlage 1 Nr. 2.8 zu berücksichtigen.

Die Anlagenkennzahl e_P für neue Heizungsanlagen (nach 1995 eingebaut) kann mit Hilfe der DIN V 4701-10 ermittelt werden (siehe 5.6). Alte Heizungsanlagen sind nach DIN 4701-12 zu berechnen oder nach der „Bekanntmachung der Regeln zur Datenaufnahme und Datenverwendung im Wohngebäudebestand" (vom 26. Juli 2007) veröffentlicht vom Bundesministerium für Verkehr, Bau und Stadtentwicklung.

Wird der Heizwärmebedarf nach DIN V 18599 berechnet, so sind auch die Anlagenverluste nach dieser Norm zu bestimmen. Nach DIN V 18599 können auch alte Heizunganlagen berechnet werden.

Der Heizwärmebedarf Q_h ist von einer Vielzahl von Faktoren abhängig.

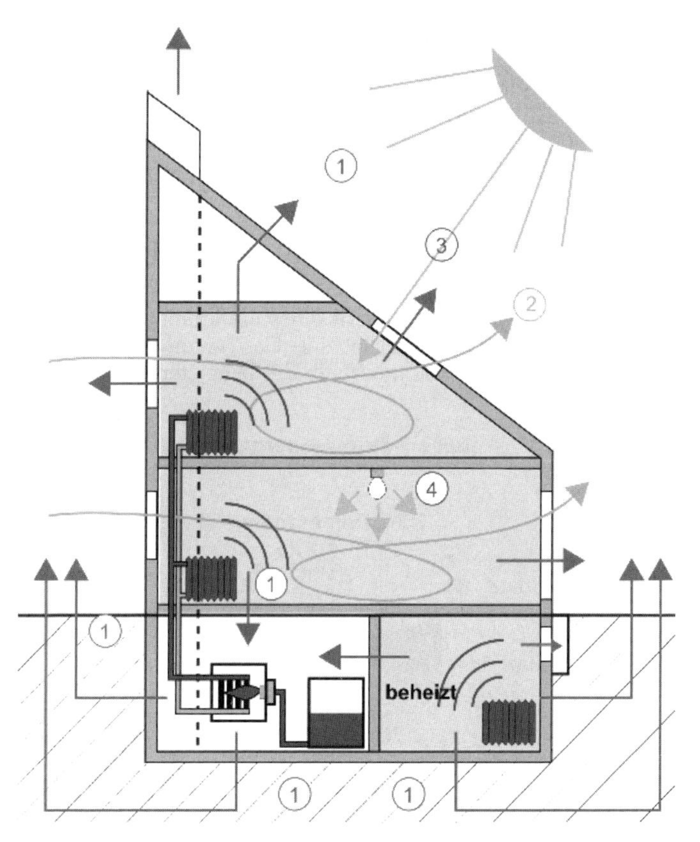

(1) Transmissionswärmeverluste Q_T; (2) Lüftungswärmeverluste Q_V; (3) Solare Wärmegewinne Q_S; (4) Interne Wärmegewinne Q_I

Bild 12: Energiebilanz eines beheizten Wohngebäudes (Quelle: „Wärmeschutz und Energiebedarf nach EnEV“, Volland/Volland)

Es wird so viel Heizwärme benötigt (Q_h), wie durch die Gebäudehülle verloren geht (Q_l). Ein Teil der benötigten Wärmemenge kann durch solare und interne Wärmegewinne abgedeckt werden (Q_g). Da die Wärmegewinne nicht zu 100 % genutzt werden können müssen diese noch abgemindert werden (η).

$$Q_h = Q_l - \eta \cdot Q_g$$

Die Wärmeverluste Q_I setzen sich zusammen aus den Wärmeverlusten über die Gebäudehülle Q_T (Transmissionswärmeverluste) und den Lüftungswärmeverlusten Q_V. Bei den Wärmegewinnen werden die solaren Gewinne über die Fenster Q_S und die internen Wärmegewinne Q_i berücksichtigt. Da nicht alle Wärmegewinne genutzt werden können, werden diese über den Nutzungsfaktor n abgemindert.

$$Q_h = (Q_T + Q_V) - \eta \cdot (Q_S + Q_i)$$

Wenn ein Gebäude energetisch verbessert werden soll, ist es notwendig, die Energiebilanz der einzelnen Wärmeverluste zu betrachten.

Als Beispiel wurde die Energiebilanz eines Einfamilienhauses grafisch ausgewertet. Als Heizung wurde eine Gas-Brennwerttherme angesetzt. Die Anlagentechnik ist innerhalb des beheizten Bereiches.

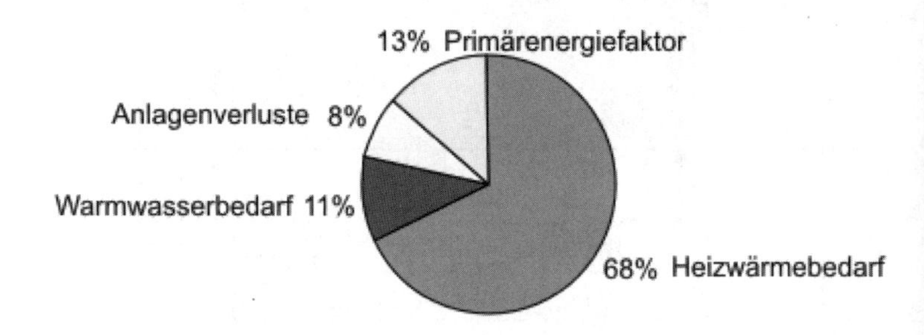

Bild 13: Energiebilanz eines Einfamilienhauses nach EnEV

Bei den betrachteten Gebäuden gehen die meisten Wärmeverluste über die Gebäudehülle verloren. Hier kann durch Verbesserungen des Wärmeschutzes am meisten Energie eingespart werden. Der Energiebedarf für die Trinkwasserbereitung liegt bei Annahme eines durchschnittlichen Warmwasserbedarfs von 12,5 kWh/(m² · a) bei ca. 11 %. Im Vergleich zum Heizwärmebedarf spielt dieser nur eine untergeordnete Rolle. Die Anlagenverluste sind ebenfalls sehr niedrig, da die Anlage und die Verteilung sich innerhalb des beheizten Bereiches befinden. Befindet sich diese außerhalb des beheizten Bereiches, erhöhen sich deren Verluste, da die Wärmeabgabe für die Beheizung der Räume nicht mehr genutzt werden kann. Der Primärenergiefaktor kann durch die Wahl eines regenerativen Energieträgers wesentlich gesenkt werden.

Anschließend werden die Heizwärmeverluste und der Energiebedarf für Trinkwasser nach Gruppen aufgeteilt, um diese genauer interpretieren zu können.

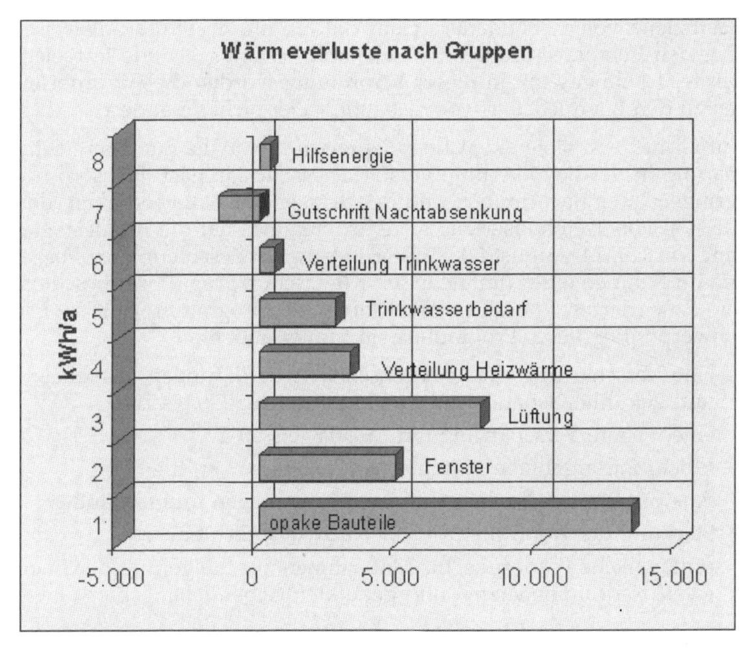

Bild 14: Aufteilung der Wärmeverluste nach Gruppen

In der Grafik sind die am Wärmeverlust des Gebäudes beteiligten Energiemengen dargestellt. Es ist erkennbar, dass die meiste Energie mit ca. 13.500 kWh/a über die opaken (= nicht lichtundurchlässigen) Bauteile verloren geht. Den zweitgrößten Anteil haben die Lüftungswärmeverluste mit ca. 8.000 kWh/a. Diese können durch den Einbau einer kontrollierten Lüftungsanlage gesenkt werden. Erst wenn diese zwei Komponenten energetisch optimiert sind, ist es sinnvoll zu untersuchen, ob die anderen Wärmeverluste noch verringert werden können.

Die Energiebilanz fällt bei jedem Gebäudetyp unterschiedlich aus. Die Festlegung der erforderlichen Maßnahmen zur Reduzierung des Energiebedarfs kann deshalb nur mit gebäudespezifischen Berechnungen erfolgen.

3 Einstieg in die Energieeinsparverordnung EnEV

3.1 Allgemeines zur EnEV

Mit der EnEV 2007 wurde die EU-Richtline 2002/91/EG „Gesamt-Energieeffizienz von Gebäuden", in der die Einführung eines Ausweises über den Energieverbrauch für Neu- und Bestandsgebäude festgelegt wurde, 1:1 umgesetzt. In dieser Verordnung wurden die Anforderungen an den Energiebedarf von Gebäuden aber nicht verändert.

Auf Grund von steigenden Energiepreisen, der Wille zur Energieeinsparung in der Bevölkerung, verstärkte Nachfrage nach Häusern mit geringem Energieverbrauch und der dringenden Notwendigkeit, den Ausstoß von Treibhausgasen zu reduzieren etc., hat die Bundesregierung am 23./24. August 2007 im Meseberg ein beschleunigtes Vorgehen im Rahmen eines umfassenden Klimaschutzprogramms beschlossen (Integriertes Energie- und Klimaschtuzprogramm (IEKP). Die Schwerpunkte dieses Programms sind unter anderem

- eine Verschärfung der energetischen Anforderungen an beheizte und gekühlte Gebäude um durchschnittlich 30 % bis 2009
- eine weitere Verschärfung um ca. 30 % bis 2012
- Pflicht zur anteiligen Nutzung von regenerativen Energien
- Ausweitung der Nachrüstpflichten bei Anlagen und Gebäuden
- Stärkung der Kontrolle privater Nachweispflichten
- umfangeiche Förderung für Maßnahmen zur Steigerung der Energieeffizient im beheizten und gekühlten Gebäudebereich.

Zur Umsetzung des Klimaschutzprogramms wurde Anfang 2009 das EEWärmeG eingeführt und im Oktober 2009 die EnEV neu novelliert.

3.2 Was ist neu in der EnEV 2009

Die wesentlichen Änderungen in der EnEV 2009 zur EnEV 2007 sind

- Reduzierung des Primärenergiebedarfs bei Neubauten um ca. 30 %
- Reduzierung der Transmissionswärmeverluste um ca. 15 %
- Berechnung des zulässigen Primärenergiebedarfs auch bei Wohngebäuden über ein Referenzgebäude
- die DIN 18599 darf nun auch für die Berechnung von Wohngebäuden verwendet werden
- das „Vereinfachte Verfahren" fällt weg
- höhere Anforderungen bei der Sanierung von Bestandsgebäuden
- Regelung der Außerbetriebnahme von Elektrospeicherheizungen

- Einführung von Fachunternehmerbescheinigungen bei energierelevanten Maßnahmen im Gebäudebestand
- Überwachung der bestehenden anlagetechnischen Nachrüstpflichten durch die Bezierksschornsteinfegermeister
- die Nutzungspflicht von alternativen Energieversorgungssystemen wurde aus der EnEV herausgenommen da dies durch das EEWärmeG geregelt wurde.

Im EEWärmeG wird nun geregelt, dass jeder Neubau mit einer Nutzfläche von mehr als 50 m^2, seinen Energiebedarf zu einem bestimmten Anteil mit regenerativen Energien decken muss. Freiwillig können die Länder dies auch bei der Sanierung von Bestandsgebäuden fordern. Dadurch soll der Anteil Erneuerbarer Energien am Endeenergieverbrauch für Wärme und Kühlung bis zum Jahr 2020 auf 14 % erhöht werden (siehe Kapitel 4)

3.3 Aufbau und Anforderungsstruktur der EnEV

Die Verordnung besteht aus sieben Abschnitten und elf Anhängen:

Abschnitt 1: Allgemeine Vorschriften

Abschnitt 2: Zu errichtende Gebäude

Abschnitt 3: Bestehende Gebäude und Anlagen

Abschnitt 4: Anlagen der Heizungs-, Kühl- und Raumlufttechnik sowie der Warmwasserversorgung

Abschnitt 5: Energieausweis und Empfehlungen für die Verbesserung der Energieeffizienz

Abschnitt 6: Gemeinsame Vorschriften, Ordnungswidrigkeiten

Abschnitt 7: Schlussvorschriften

Anlage 1: Anforderungen an Wohngebäude

Anlage 2: Anforderungen an Nichtwohngebäude

Anlage 3: Anforderungen bei Änderung von Außenbauteilen und bei Errichtung kleiner Gebäude; Randbedingungen und Maßgaben für die Bewertung bestehender Wohngebäude

Anlage 4: Anforderung an die Dichtheit und den Mindestluftwechsel

Anlage 4a:	Anforderung an die Inbetriebnahme von Heizkesseln und sonstigen Wärmeerzeugersystemen
Anlage 5:	Anforderung an die Wärmedämmung von Rohrleitungen und Armaturen
Anlage 6:	Muster Energieausweis Wohngebäude
Anlage 7:	Muster Energieausweis Nichtwohngebäude
Anlage 8:	Muster Aushang Energieausweis auf der Grundlage des Energiebedarfs
Anlage 9:	Muster Aushang Energieausweis auf der Grundlage des Energieverbrauchs
Anlage 10:	Muster Modernisierungsempfehlungen
Anlage 11:	Anforderung an die Inhalte der Fortbildung

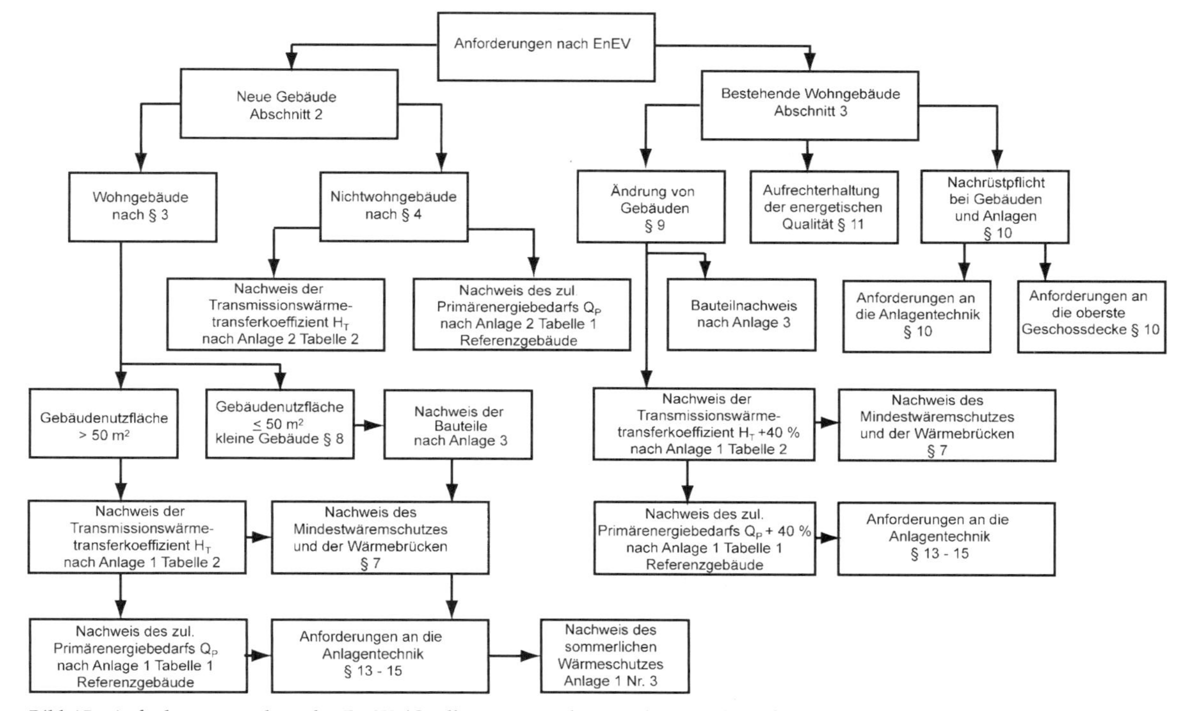

Bild 15: Anforderungsstruktur der EnEV (Quelle: „Wärmeschutz und Energiebedarf nach EnEV 2009“, Volland/Volland)

Bei der Nachweisführung nach EnEV für Wohngebäude sind folgende Faktoren und Anforderungen nachzuweisen:

a) Transmissionswärmeverluste H_T bei Wohngebäuden
b) Primärenergiebedarf Q_P
c) Anlagenkennzahl e_p
d) Sommerlicher Wärmeschutz S
e) Anlagentechnik.

3.4 Referenzgebäude – Verfahren nach EnEV

Der zulässige Jahres-Primärenergiebedarf wird in der EnEV 2009 nicht mehr wie in der EnEV 2007 über eine pauschale Formel berechnet, in der das Verhältnis Hüllfläche zum Volumen ein große Rolle gespielt hat. In der EnEV 2009 wurde nun ein Referenzgebäudeverfahren eingeführt. Der zulässige Jahres-Primärenergiebedarf Q_p ist nun über das Referenzgebäude der Tabelle 1 Anlage 1 der EnEV zu berechnen. Der sich daraus ergebene Jahres- Primärenergiebedarf Q_p gilt als Grenzwert und darf nicht überschritten werden.

Die Berechnung des Jahres- Primärenergiebedarfs darf nach Anlage 1 Nummer 2 sowohl nach DIN V 18599 : 2007-02 als auch nach dem Monatsbilanzverfahren der DIN V 4108-6 : 2003-06 (Berichtigt 2004-03) und DIN V 4701-10 : 2003-08 (geändert durch A1 : 2006-12) berechnet werden. Die Berechnung des Referenzgebäudes und der Nachweis des nachzuweisenden Gebäudes hat jedoch jeweils mit dem gleichen Rechenverfahren zu erfolgen.

Das Gebäude ist also **zweimal** zu berechnen, einmal mit den Werten des Referenzgebäudes nach Tabelle 1 Anlage 1 der EnEV, um den zulässigen Jahres- Primärenergiebedarf zu bekommen, und einmal mit den tatsächlichen Werten. Wird die Gebäudehülle und die Anlagentechnik des nachzuweisenden Gebäudes genauso wie das Referenzgebäude ausgeführt, muss kein weiterer Nachweis geführt werden.

Tabelle 4: Ausführung des Referenzgebäudes (Quelle: EnEV Anhang 1 Tabelle 1)

Zeile	Bauteile/System	Referenzausführung/Wert (Maßeinheit)	
1.1	Außenwand, Geschossdecke gegen Außenluft	Wärmedurchgangskoeffizient	$U = 0{,}28\ W/(m^2 \cdot K)$
1.2	Außenwand gegen Erdreich, Bodenplatte, Wände und Decken zu unbeheizten Räumen (außer solche nach Zeile 1.1)	Wärmedurchgangskoeffizient	$U = 0{,}35\ W/(m^2 \cdot K)$
1.3	Dach, oberste Geschossdecke, Wände zu Abseiten	Wärmedurchgangskoeffizient	$U = 0{,}20\ W/(m^2 \cdot K)$
1.4	Fenster, Fenstertüren	Wärmedurchgangskoeffizient Gesamtenergiedurchlassgrad der Verglasung	$U = 1{,}30\ W/(m^2 \cdot K)$ $g_{\perp} = 0{,}60$
1.5	Dachflächenfenster	Wärmedurchgangskoeffizient Gesamtenergiedurchlassgrad der Verglasung	$U = 1{,}40\ W/(m^2 \cdot K)$ $g_{\perp} = 0{,}60$
1.6	Lichtkuppeln	Wärmedurchgangskoeffizient Gesamtenergiedurchlassgrad der Verglasung	$U = 2{,}70\ W/(m^2 \cdot K)$ $g_{\perp} = 0{,}64$
1.7	Außentüren	Wärmedurchgangskoeffizient	$U = 1{,}80\ W/(m^2 \cdot K)$
2	Bauteile nach den Zeilen 1.1 bis 1.7	Wärmebrückenzuschlag	$\Delta U_{WB} = 0{,}05\ W/(m^2 \cdot K)$
3	Luftdichtheit der Gebäudehülle	Bemessungswert n_{50}	Bei Berechnung nach • DIN V 4108-6 : 2003-06: mit Dichtheitsprüfung • DIN V 18599-2 : 2007-02: nach Kategorie I
4	Sonnenschutzvorrichtung	Keine Sonnenschutzvorrichtung	

Zeile	Bauteile/System	Referenzausführung/Wert (Maßeinheit)
5	Heizungsanlage	• Wärmeerzeugung durch Brennwertkessel (verbessert), Heizöl EL, Aufstellung: – für Gebäude bis zu 2 Wohneinheiten innerhalb der thermischen Hülle – für Gebäude mit mehr als 2 Wohneinheiten außerhalb der thermischen Hülle • Auslegungstemperatur 55/45 °C, zentrales Verteilsystem innerhalb der wärmeübertragenden Umfassungsfläche, innen liegende Stränge und Anbindeleitungen, Pumpe auf Bedarf ausgelegt (geregelt, Δp konstant), Rohrnetz hydraulisch abgeglichen, Wärmedämmung der Rohrleitungen nach Anlage 5 • Wärmeübergabe mit freien statischen Heizflächen, Anordnung an normaler Außenwand, Thermostatventile mit Proportionalbereich 1 K
6	Anlage zur Warmwasserbereitung	• zentrale Warmwasserbereitung • gemeinsame Wärmebereitung mit Heizungsanlage nach Zeile 5 • Solaranlage (Kombisystem mit Flachkollektor) entsprechend den Vorgaben nach DIN V 4701-10 : 2003-08 oder DIN V 18599-5 : 2007-02 • Speicher, indirekt beheizt (stehend), gleiche Aufstellung wie Wärmeerzeuger, Auslegung nach DIN V 4701-10 : 2003-08 oder DIN V 18599-5 : 2007-02 als – kleine Solaranlage bei $A_N < 500$ m² (bivalenter Solarspeicher) – große Solaranlage bei $A_N > 500$ m² • Verteilsystem innerhalb der wärmeübertragenden Umfassungsfläche, innen liegende Stränge, gemeinsame Installationswand, Wärmedämmung der Rohrleitungen nach Anlage 5 mit Zirkulation, Pumpe auf Bedarf ausgelegt (geregelt, Δp konstant)
7	Kühlung	keine Kühlung
8	Lüftung	zentrale Abluftanlage, bedarfsgeführt mit geregeltem DC-Ventilator

Die Bemessung der energetischen Qualität der Gebäudehülle wird über die zulässigen Transmissionswärmeverluste H_T der Tabelle 2 Anlage 1 der EnEV geregelt. Auch die Höhe des zulässigen Transmissionswärmeverlustes H_T wird nicht mehr über eine pauschale Formel berechnet, sondern ist nun vom Gebäudetyp abhängig.

Tabell 5: Höchstwerte des spezifischen, auf die wärmeübertragende Umfassungsfläche bezogenen Transmissionswärmeverlusts (Quelle: EnEV Anhang 1 Tabelle 1)

Zeile	Gebäudetyp		Höchstwert des spezifischen Transmissionswärmeverlusts
1	Freistehendes Wohngebäude	mit $A_N \leq 350m^2$	$H'_T = 0,40\ W/(m^2 \cdot K)$
		mit $A_N > 350m^2$	$H'_T = 0,50\ W/(m_2 \cdot K)$
2	Einseitig angebautes Wohngebäude		$H'_T = 0,45\ W/(m^2 \cdot K)$
3	alle anderen Wohngebäude		$H'_T = 0,65\ W/(m^2 \cdot K)$
4	Erweiterungen und Ausbauten von Wohngebäuden gemäß § 9 Absatz 5		$H'_T = 0,65\ W/(m^2 \cdot K)$

3.5 Faktoren der Energiebilanz bei Wohngebäuden (Formelsammlung)

Nachfolgend werden die einzelnen Faktoren der Energiebilanz, des sommerlichen Wärmeschutzes und der Anlagentechnik aufgelistet und deren Ermittlung dargestellt.

Die Formelsammlung beruht auf der Berechnung nach DIN V 4108-6 und DIN V 4701-10. Die Formeln für die Berechnung nach DIN V 18599 sind hier nicht aufgelistet. Auf die Erläuterung der Formeln wird in diesem Buch nicht eingegangen.

Tabelle 4: Faktoren der Energiebilanz und deren Ermittlung

Begriff	Symbol	Einheit	Formel	Quelle
Nachweis Primärenergiebedarf mit Anlagenkennzahl	Q_P''		Monatsbilanzverfahren	EnEV DIN V 4108-6
Primärenergiebedarf	Q_P	kWh/a	$= (Q_h + Q_W) \cdot e_P$ + Anteil für Kühlung	DIN V 4108-6 EnEV (Anlage 1 Nr. 2.8)
zul. Primärenergiebedarf für Wohngebäude	zul. Q_P''	$kWh/(m^2 \cdot K)$	$= 50,94 + 75,29 \cdot A/V_e + \Delta Q_{TW}$	EnEV (Anlage 1 Nr. 2.1)
Trinkwasserbedarf	Q_W	kWh/a	$= 12,5 \cdot A_N$	DIN V 4108-6

Begriff	Symbol	Einheit	Formel	Quelle
Wärmeübertragende Gebäudehülle	A	m^2		DIN EN ISO 734 DIN 4108-2
Gebäudenutzfläche	A_N	m^2	$= 0{,}32\ m^{-1} \cdot V_e$ wenn $h_g > 2{,}5$ m, dann $= (1 / h_g - 0{,}04\ m^{-1}) \cdot V_e$	EnEV (Anlage 1 Nr. 1.3.1)
gekühlter Anteil der Gebäudenutzfläche	$A_{N,c}$	m^2		EnEV
Brutto-Gebäudevolumen	V_e	m^3		DIN EN ISO 7345 DIN 4108-2
Anlagenkennzahl	e_p	–	Neubau Altbau Vereinfachungen	DIN V 4701-10 DIN V 4701-12 Bekanntmachung der Regeln zur Datenaufnahme und Datenverwendung im Wohngebäudebestand (Bundesministerium für Verkehr, Bau und Stadtentwicklung)
Heizwärmebedarf	$Q_{h,M}$	kWh/M	Monatsbilanzverfahren: $= Q_{l,M} - \eta_M \cdot Q_{g,M}$	DIN V 4108-6
monatliche Wärmeverluste	$Q_{l,M}$	kWh/M	$= H_M \cdot 0{,}024 \cdot (\theta_i - \theta_{c,M}) \cdot t_M$	DIN V 4108-6
spezifische Wärmeverluste pro Monat	H_M	W/K	$= H_T + H_V$	DIN V 4108-6
Gradtagzahl	F_{GT}	kWh/M	$= 0{,}024 \cdot (\theta_i - \theta_{c,M})\ t_M$	DIN V 4108-6
0,024			Umrechnungsfaktor vom Tag in Stunden und Watt in Kilowatt	
durchschnittliche Innentemperatur	θ_i	°C	19 °C	DIN V 4108-6
durchschnittliche Außentemperatur	θ_c	°C	für Deutschland in der Heizperiode	DIN V 4108-6
Auf ein Monat bezogen	Index M			
Tage	t	d		
Spezifische Transmissionswärmeverluste	H_T	W/K	$H_T = \Sigma U_i \cdot A_i + H_U + L_S + H_{WB} + \Delta H_{T,FH}$	DIN V 4108-6
Bauteile, die an die Außenluft grenzen		W/K	$\Sigma U_i \cdot A_i$	DIN V 4108-6
Bauteile, die an unbeheizte oder niedrig beheizte Räume grenzen	H_U	W/K	$\Sigma F_{xi} \cdot U_i \cdot A_i$	DIN V 4108-6
Bauteile, die an das Erdreich grenzen	L_S	W/K	$\Sigma F_{xi} \cdot U_i \cdot A_i$	DIN V 4108-6

Begriff	Symbol	Einheit	Formel	Quelle
Wärmebrückenverluste in Bauteilen	H_{WB}	W/K	$\Delta U_{WB} \cdot A_i$	DIN V 4108-6
Bauteile mit Flächenheizung	$\Delta H_{T,FH}$	W/K	Wärmedämmung von mindestens 8 cm unter Fußbodenheizung ($\lambda \leq$ 0,04 W/(m · K)	DIN 4108-6 Tabelle D.3 Zeile 14
Temperatur-Korrekturfaktor	F_{xi}	–	Monatsbilanzverfahren	DIN V 4108-6
Wärmedurchgangskoeffizient	U	$W/(m^2 \cdot K)$	$= 1/R_T$	DIN EN ISO 6946
Längenbezogener Wärmedurchgangskoeffizient		W/(m·K)	Aus Wärmebrückenkatalogen	DIN EN ISO 10211
Wärmedurchlasswiderstand	R_T	$m^2 \cdot K$ / W	$= R_{si} + \Sigma R_n + R_{se}$	DIN EN 6946 DIN 4108-2
Wärmedurchgangswiderstand für Stoffe	R_n	$m^2 \cdot K$ / W	$= d / \lambda$	
Schichtdicke einer Stoffschicht	d	m		
Wärmeleitfähigkeit der Stoffschicht	λ	W/(m · K)		DIN V 4108-4
Wärmeübergangswiderstand innen	R_{si}	$m^2 \cdot K$ / W		DIN EN ISO 6946 DIN 4108-2
Wärmeübergangswiderstand außen	R_{se}	$m^2 \cdot K$ / W		DIN EN ISO 6946 DIN 4108-2
Wärmeübertragende Bauteilfläche	A_i	m^2		DIN EN ISO 734 DIN 4108-2
Wärmebrückenfaktor	ΔU_{WB}	$W/(m^2 \cdot K)$		DIN V 4108-6
Spezifische Lüftungswärmeverluste	H_V	W/K	Monatsbilanzverfahren $= n \cdot V \cdot \varrho_L \cdot c_{pL}$	DIN V 4108-6
Luftwechselrate	n	h^{-1}		DIN V 4108-6
Nettovolumen Gebäude	V	m^3	Ein- und Zweifamilienhäuser bis zu drei Vollgeschosse: $= 0{,}76 \cdot V_e$ alle anderen Gebäude: $= 0{,}80 \cdot V_e$	EnEV
Spezifische Wärmekapazität der Luft	$\varrho_L \cdot c_{pL}$	$Wh/(m^3 \cdot K)$	= 0,34	
Monatliche Wärmegewinne	$Q_{g,M}$	$kWh/(m^2 \cdot M)$	$= Q_s + Q_i$	DIN V 4108-6
Solare Wärmegewinne	Q_S	kWh/a	Monatsbilanzverfahren $= \Sigma I_{S,M,j} \cdot \Sigma A_{S,j,i} \cdot 0{,}024 \cdot t_M$	DIN V 4108-6

Begriff	Symbol	Einheit	Formel	Quelle
Umrechnungsfaktor von Tag auf Stunden und Watt auf Kilowatt	0,024			
Solare Wärmegewinne eines Monats, bezogen auf eine Himmelsrichtung (j)	$I_{S,M,j}$	$kWh/(m^2 \cdot a)$	Mittelwerte für Deutschland	DIN V 4108-6 Tabelle D.5
effektive Kollektorfläche eines Fenster (i) bezogen auf eine Himmelsrichtung (j)	$A_{S,j,i}$	m^2	Monatsbilanzverfahren $= F_F \cdot F_S \cdot F_C \cdot F_W \cdot g_\perp \cdot A_i$	EnEV DIN V 4108-6
Fensterrahmenanteil	F_F	–	= 0,7 (ohne genauen Nachweis)	DIN V 4108-6 D.3
Verschattungsanteil	F_S	–	= 0,9 (wenn keine Verschattung vorhanden ist)	DIN V 4108-6 D.3
Sonnenschutzvorrichtung	F_C	–	= 1 (wenn kein Sonnenschutz vorhanden ist)	DIN V 4108-6 D.3
Abminderungsfaktor infolge nicht senkrechter Strahlung	F_W	–	= 0,9	DIN V 4108-6 D.3
Gesamtenergiedurchlassgrad des Glases bei senkrechter Einstrahlung	$g_\perp$	–		DIN V 4108-6
wirksamer Gesamtenergiedurchlassgrad eines Fensters (i) bei senkrechter Einstrahlung	g_i	–	$= F_W \cdot g_\perp$	DIN 4108-2 DIN V 4108-6
Bruttofläche eines Fensters (i)	A_i	m^2		
Zeit	t_M	d	Tage pro Monat	
Fensterflächenanteil	f	–	$= A_W / (A_W + A_{AW})$	EnEV
Fläche der Fenster gesamt	A_W	m^2		
Fläche der Außenwände gesamt ohne Fenster	A_{AW}	m^2		
Interne Wärmegewinne	Q_i	$kWh/(m^2 \cdot a)$	Monatsbilanzverfahren $= q_{i,M} \cdot A_N \cdot 0{,}024\ t_M$	EnEV
Mittlere interne Wärmeleistung eines Monats (i)	$q_{i,M}$	W/m^2	= 5	DIN V 4108-6
monatlicher Ausnutzungsgrad der Wärmegewinne	η_M	–	Monatsbilanzverfahren $= (1 - \gamma^\alpha) / (1 - \gamma^{\alpha+1})$	DIN V 4108-6
Verhältnis Wärmeverluste zu Wärmegewinne		–	$= Q_g / Q_l$	DIN V 4108-6
Numerischer Parameter	α	–	$= \alpha_o + \tau/\tau_o$	DIN V 4108-6
Zeitkonstante	τ	h	$= C_{wirk} / H$	DIN V 4108-6

Begriff	Symbol	Einheit	Formel	Quelle
Wirksame Wärmespeicherfähigkeit	C_{wirk}	Wh/K	$= \sum (c_i \cdot \varrho_i \cdot d_i \cdot A_i)$	DIN V 4108-6
spezifische Wärmekapazität eines Bauteils	$c_i \cdot \varrho$	Wh/(m³·K)		DIN 4108-2
Wärmekapazität	C_i	Wh/K		DIN 4108-2
Rohdichte	ϱ	kg/m³		DIN 4108-2
Heizgrenztemperatur	θ_{ed}	°C	$= \theta_i - \eta_o \cdot Q_{g,M} / (H_M \cdot 0{,}024)$	DIN V 4108-6
Primärenergiebedarf mit Primärenergiefaktor	Q_p	kWh/a	$= Q_{H,P} + Q_{TW,P} + Q_{L,P} + Q_{HE,P}$	DIN V 4701-10
Primärenergiebedarf mit Primärenergiefaktor bei gekühlen Wohngebäuden	$Q_{p,c}$	kWh/a	$= Q_P$ + Anteil Kühlung	DIN V 4701-10 EnEV (Anlage 2 Nr. 2.8)
Primärenergiebedarf Heizung	$Q_{H,P}$	kWh/a	$= Q_{H,E} \cdot f_{p,i}$	DIN V 4701-10
Primärenergiebedarf Trinkwasser	$Q_{TW,P}$	kWh/a	$= Q_{TW,E} \cdot f_{p,i}$	DIN V 4701-10
Primärenergiebedarf Lüftung	$Q_{L,P}$	kWh/a	$= Q_{L,E} \cdot f_{p,i}$	DIN V 4701-10
Hilfsenergiebedarf	$Q_{HE,P}$	kWh/a	$= Q_{HE,E} \cdot f_{p,i}$	DIN V 4701-10
Anteil Kühlung		kWh/a		EnEV Anlage 1 Nr. 2.11
Primärenergiefaktor	$f_{p,i}$	–		DIN V 4701-10
Endenergiebedarf Heizung	$q_{H,E}$	kWh/(m²·a)	$= [q_h - (q_{h,TW} + q_{h,L}) + q_{H,ce} + q_{H,d} + q_{H,s}] \cdot e_g$	DIN V 4701-10
Jahres-Heizwärmebedarf	q_h	kWh/(m²·a)		DIN V 4701-10
Heizwärmegutschrift aus Trinkwasserverteilung $q_{TW,d}$	$q_{h,TW}$	kWh/(m²·a)		DIN V 4701-10
Heizwärmegutschrift aus Lüftungsanlage $q_{TW,d}$	$q_{h,L}$	kWh/(m²·a)		DIN V 4701-10
Wärmeübergabeverluste	Index ce	kWh/(m²·a)		DIN V 4701-10
Wärmeverteilerverluste	Index d	kWh/(m²·a)		DIN V 4701-10
Wärmespeicherverluste	Index s	kWh/(m²·a)		DIN V 4701-10
Aufwandzahl Heizung	e_g	–		DIN V 4701-10
Endenergiebedarf Trinkwasser	$q_{TW,E}$	kWh/(m²·a)	$= [q_{tw} + q_{TW,d} + q_{TW,s}] \cdot e_{TW,g}$	DIN V 4701-10
Jahres-Trinkwasserbedarf	q_{tw}	kWh/(m²·a)		DIN V 4701-10
Lüftungsbeitrag am Q_h	$q_{h,L}$	kWh/(m²·a)	$= q_{L,g} - q_{L,d} - q_{L,ce} - q_{h,n}$	DIN V 4701-10
Heizwärme-Endenergiebedarf Lüftung	$q_{L,E}$	kWh/(m²·a)	$= q_{L,g} \cdot e_{L,g}$	DIN V 4701-10

Begriff	Symbol	Einheit	Formel	Quelle
Wirkungsgrad der Lüftungsanlage	$e_{L,g}$	–		DIN V 4701-10
Luftwechsel-Korrekturfaktor	$q_{h,n}$	–		DIN V 4701-10
Endenergie Hilfsenergie	$Q_{HE,E}$	kWh/a	$= Q_{H,HE} + Q_{TW,HE} + Q_{L,HE}$	DIN V 4701-10
Endenergie Hilfsenergie für Heizung, Trinkwasser, Lüftung	$q_{HE,E}$	kWh/(m²·a)	$= q_{ce,HE} - q_{d,HE} - q_{s,HE} - q_{g,HE}$	DIN V 4701-10
Hilfsenergie Wärmeerzeugung	$q_{g,HE}$	kWh/(m²·a)		DIN V 4701-10
Sommerlicher Wärmeschutz	S	–		DIN 4108-2
Vorhandener Sonneneintragskennwert	S	–	$= (A_{w,j} \cdot g_{total}) \cdot A_G$	DIN 4108-2
Solarwirksame Fläche	$A_{W,j}$	m²		DIN 4108-2
Gesamtenergiedurchlassgrad der Verglasung einschl. Sonnenschutz	g_{total}	–	$= g \cdot F_C$	DIN 4108-2
Nettogrundfläche des Raumes	A_G	m²	$= B \cdot b$	DIN 4108-2
Länge der Außenwand	B	m		DIN 4108-2
Tiefe des Raumes	b	m	$= \leq 3\ h_{Netto}$	DIN 4108-2
Solarwirksame Fläche	f_{AG}	%	$= (A_W / A_G) \cdot 100$	DIN 4108-2
Zulässiger Sonneneintragskennwert	S_{zul}	–	$= \Sigma S_X$	DIN 4108-2
Brennstoffbedarf, Emissionen				
Brennstoffbedarf			$= Q_E \cdot H_U$	
Unterer Heizwert	H_U	Strom Öl Erdgas H Flüssiggas Pellets Holz Steinkohle	1 kWh/kWh Strom 10 kWh/l 10 kWh/m³ 13 kWh/m³ 5 kWh/kg 4,1 kWh/kg 8,1 kWh/kg	Merkblatt von Bundesministerium für Verkehr, Bau und Stadtentwicklung. Regeln für Energieverbrauchskennwerte im Wohngebäudebestand
Emissionen	CO_2-äquivalent	g_{CO_2}	$= Q_E \cdot$ Emissionsfaktor	nach GEMIS

Begriff	Symbol	Einheit	Formel	Quelle
CO_2-äquivalenter Emissionsfaktor	Strom-Mix Öl Gas Flüssiggas Pellets Holz Steinkohle	g_{CO_2}	647 303 249 263 42 6 439	nach GEMIS
Einheiten				
Energiemenge	Q	J, kWh	Joule, Kilowattstunde	
Leistung	P	kW	Kilowatt	
Umrechnung von KWh in Joule			1 J = 1 Ws 1 kWh = 1 000 W · 3 600 s = 3 600 000 Ws = 3 600 000 J	

3.6 Die unterschiedlichen Nachweisverfahren

Der Primärenergiebedarf Q_P darf nach EnEV bei Wohngebäuden mit zwei verschiedenen Berechnungsverfahren ermittelt werden:

a) Monatsbilanzverfahren nach DIN V 4108-6 Anhang 3

Im Monatsbilanzverfahren wird der Energiebedarf für jeden einzelnen Monat berechnet. Es werden für jeden Monat die möglichen Wärmegewinne und Wärmeverluste ermittelt, in Abhängigkeit der durchschnittlichen monatlichen Außentemperatur und Strahlungsintensität. Über das Verhältnis Wärmegewinn zu Wärmeverlust in Abhängigkeit zur Wärmespeicherfähigkeit des Gebäudes werden die nutzbaren Wärmegewinne bestimmt. Über die Summe der Wärmeverluste Q_I abzüglich der nutzbaren Wärmegewinne Q_G wird der Heizwärmebedarf Q_h ermittelt. Für den ermittelten Heizwärmebedarf Q_h werden dann die Anlagenverluste (nach DIN V 4701-10) in Abhängigkeit der vorhandenen Nutzfläche A_N bestimmt. Der Endenergiebedarf Q_E ergibt sich dann aus der Summe des Heizenergiebedarfs Q_h zuzüglich den Trinkwasserbedarf Q_W und den ermittelten Anlagenverlusten.

Dieses Berechnungsverfahren kann für jedes Gebäude angesetzt werden, da der Gradtagzahlfaktor und die nutzbaren Wärmegewinne individuell in Abhängigkeit des Wärmestandards des Gebäudes ermittelt werden. Die für die Berechnung notwendigen Wetterdaten sind in der DIN V 4108-6 Tabelle D.5 enthalten.

b) Monatsbilanzverfahren nach DIN V 18599-2

Im Unterschied zum Monatsbilanzverfahren nach DIN V 4108-6 wird der Endenergiebedarf Q_E in der DIN V 18599-2 iterativ bestimmt. *„Ein Teil der inneren Fremdwärme aus der Anlagentechnik kann erst berechnet werden, wenn die Anlagenauslastung bekannt ist. Diese ergibt sich erst in der Abfolge der Bilanz, wenn die notwendige, dem Gebäude bzw. der Gebäudezone zuzuführende Nutzwärme für Heizung und Kühlung bekannt ist. Die Nutzwärme ist wiederum ein Ergebnis der Gegenüberstellung von Wärmequellen und -senken für das Gebäude bzw. die Gebäudezone" (Quelle: DIN V 18599-2).*

Die Ermittlung der einzelnen Faktoren für den Heizwärmebedarf ist weitgehend identisch, jedoch die Berechnung des Endenergiebedarfs unterscheidet sich erheblich vom Verfahren nach DIN V 4108-6 und DIN V 4701-10.

Die Berechnung von Wohngebäuden nach DIN V 18599 wird im Buch „Wärmeschutz und Energiebedarf nach EnEV 2009" Volland-Volland ausführlich beschrieben.

3.7 Wichtige Einflussfaktoren auf die Energiebilanz

Die EnEV lässt einen großen Berechnungsspielraum in der Nachweisführung zu. Wie bereits beschrieben, kann zwischen zwei Berechnungsverfahren ausgewählt werden, die zu unterschiedlichen Ergebnissen führen. Außerdem dürfen bestimmte Faktoren pauschal angesetzt oder durch eine Berechnung genau ermittelt werden. Die genaue Berechnung führt meist zu einem rechnerisch geringeren Energiebedarf, wodurch der notwendige Aufwand für Wärmedämmung und Anlagentechnik verringert werden kann, was wiederum die Baukosten senkt.

Nachfolgend werden diese Faktoren kurz erläutert.

a) Wärmebrückenfaktor U_{WB}

Die Verluste über Wärmebrücken sind mit dem Wärmebrückenfaktor U_{WB} bei der Ermittlung der spezifischen Transmissionswärmeverluste H_T zu berücksichtigen. Diese können entweder pauschal angesetzt oder genau ermittelt werden:

$\Delta U_{WB} = 0{,}05\ W/(m^2 \cdot K)$,

wenn die Wärmebrückendetails nach Beiblatt 2 der DIN 4108-6 ausgeführt werden. Es muss nachgewiesen sein, dass die vorhandenen Wärmebrücken denen des Beiblatts entsprechen oder deren gleichwertig sind. Nach EnEV 2009 muss kein Gleichwertigkeitsnachweis geführt werden, wenn die angrenzenden Bauteile des Wärmebrückendetails kleinere U-Werte (Wärmedurchgangskoeffizienten) aufweisen, als in der Musterlösung der DIN 4108 Beiblatt 2 zugrunde gelegt wurden.

ΔU_{WB} = 0,10 W/(m²·K),

wenn kein Nachweis erfolgt, muss mit dem erhöhten Wärmebrückenfaktor gerechnet werden. Auch bei bestehenden Gebäuden ist mit diesem Faktor zu rechnen.

ΔU_{WB} = 0,15 W/(m²·K),

bei bestehenden Gebäuden, wenn mehr als 50 % der Außenwände mit einer innen liegenden Dämmschicht versehen sind und Massivdecken diese durchdringen. Bei dieser Bauweise wirken sich Wärmebrücken besonders stark aus.

Genaue Berechnung

Dies ist besonders bei Energiesparhäusern wie KfW 60 bzw. 40 Häusern zu empfehlen, da bei einem genauen Nachweis des Wärmebrückenfaktors dieser zwischen 0,01 und 0,02 liegen sollte. Wenn bei einem Einfamilienhaus statt mit einem U_{WB} von 0,10 mit 0,02 W/(m²·K) gerechnet wird, verringern sich die Transmissionswärmeverluste um ca. 15 %.

In der nachfolgenden Tabelle wird dargestellt, wie dick ein Mauerwerk sein muss (Spalte 4 – 6), damit unter Berücksichtigung des ΔU_{WB} von 0,02, 0,05 und 0,10 W/(m² · K) der gleiche U_{AW}-Wert erreicht wird (Spalte 3), wie ohne Berücksichtigung des Wärmebrückenfaktors.

Regel-Mauerwerksdicke U_{AW}-Wert ohne ΔU_{WB} UAW = 1/(0,13 + d/λ + 0,04)			Erforderliche Dicke für gleichen U-Wert einschl. ΔU_{wB} $U_{gesamt} = U_{AW} + \Delta U_{wB}$		
1	2	3	4	5	6
Dicke d m	λ-Wert W/(mK)	U-Wert W/(m²K)	ΔU_{WB} = 0,02 m	ΔU_{WB} = 0,05 m	ΔU_{WB} = 0,10 m
0,30	0,21	0,63	0,31	0,33	0,36
0,365	0,21	0,52	0,38	0,41	0,46
0,42	0,21	0,46	0,44	0,48	0,55

Dicke d m	λ-Wert W/(mK)	U-Wert W/(m²K)	ΔU_{WB} = 0,02 m	ΔU_{WB} = 0,05 m	ΔU_{WB} = 0,10 m
0,30	0,09	0,29	0,32	0,37	0,47
0,365	0,09	0,24	0,40	0,47	0,64
0,42	0,09	0,21	0,47	0,56	0,83

Ein 36,5 cm starkes Mauerwerk mit einem λ-Wert des Steins von 0,09 W(m · K) hat einen U_{AW}-Wert ohne Berücksichtigung des Wärmebrückenfaktors von 0,21 W(m² · K) (siehe Spalte 3). Wenn kein Nachweis der Wärmebrücken erfolgt, muss mit einem ΔU_{WB} von 0,10 W (m² · K) gerechnet werden. Um diesen Wärmebrückenaufschlag auszugleichen, muss die Wand auf 64 cm verstärkt werden, damit der gleiche U_{AW}-Wert erzielt werden kann.

Aus diesem Grund sollte zu minderst immer ein Gleichwertigkeitsnachweis geführt werden, damit mit dem ab geminderten Wärmebrückenzuschlag von 0,05 W/(m² · K) gerechnet werden darf.

b) Luftwechselrate n

Zur Berechnung der spezifischen Lüftungswärmeverluste wird die Luftwechselrate im Gebäude benötigt. Sie sagt aus, wie oft das Gebäudevolumen in einer Stunde durch frische Luft ausgetauscht wird. Hierfür stehen in der EnEV und in der DIN V 4108-6 drei Werte zur Verfügung:

n = 0,7 wenn kein Nachweis der Luftdichtheit durchgeführt wird

n = 0,6 wenn die Luftdichtheit geprüft wird

n = 1,0 bei bestehenden Gebäuden mit offensichtlicher Undichtheit

Je niedriger die Luftwechselrate angesetzt wird, um so einfacher sind die Anforderungen nach EnEV einzuhalten. Durch Verringerung der Luftwechselrate bei der Berechnung von 0,7 auf 0,6 kann der zu ermittelnde Primärenergiebedarf bei einem Einfamilienhaus um ca. 7 % gesenkt werden. Nachdem das Gebäude den Dichtheitsanforderungen der EnEV (Anhang 4) genügen muss, ist es durchaus sinnvoll, dies auch zu prüfen.

Wird im Gebäude eine Lüftungsanlage installiert, ist nach EnEV eine Dichtheitsprüfung durchzuführen.

c) Anteil der Verglasung an der Fensteröffnung F_F

Der Rahmenanteil der Fenster wird bei der Berechnung der solaren Wärmegewinne pauschal mit 30 % angesetzt. Dies entspricht einem Fenster mit der Größe von ca. 1,26 m x 2,26 m und einer Rahmenbreite von 0,10 m. Der Rahmenanteil darf aber auch genau bestimmt werden, was bei größeren Fenstern zu höheren solaren Wärmegewinnen führt und die rechnerischen Wärmeverluste verringert.

d) Anlagenkennzahl e_P

Die Anlagenkennzahl ist für neue Heizungsanlagen mit Hilfe der DIN 4701-10 zu bestimmen (siehe 1). Dort stehen drei Berechnungsverfahren mit unterschiedlicher Genauigkeit zur Verfügung. Mit dem „Detaillierten Verfahren“ ergibt sich in der Regel die genaueste und niedrigste Anlagenkennzahl. Dieses ist aber auch das aufwendigste Verfahren.

Im Diagramm- und Tabellenverfahren wird mit normierten Werten gerechnet. Diese Normwerte repräsentieren Geräte, deren energetische Qualität dem unteren Durchschnitt des Marktniveaus entsprechen. Diese zwei Verfahren führen in der Regel zu einer höheren Anlagenkennzahl, was ein höheres Dämmniveau der Gebäudehülle erfordert.

3.8 U-Werte von Bauteilen neuer und bestehender Gebäude

Der Wärmedurchgangskoeffizient (U-Wert) kennzeichnet die Größe des Wärmestroms, der über eine Fläche von 1 m² aus dem Innenraum durch ein Bauteil an die Außenluft fließt, wenn die Temperaturdifferenz zwischen Innenluft und Außenluft 1 K beträgt. Die Berechnung der U-Werte erfolgt unter der Annahme, dass zwischen der Innenluft und der Außenluft über lange Zeit ein gleichmäßiges Temperaturgefälle besteht. In der Praxis ist dies jedoch niemals gegeben, da sowohl die Außentemperatur als auch die Innentemperatur ständigen Schwankungen unterworfen ist. Der U-Wert ist nach DIN EN ISO 6946 zu berechnen.

Je niedriger der U-Wert des Bauteils ist, desto besser ist dessen Wärmedämmeigenschaft. U-Werte neuer Bauteile die an die Außenluft grenzen, sollten einen Wert unter 0,28 W/(m² · K) aufweisen. Gut gedämmte Bauteile haben einen Wert unter 0,20 W/(m² · K). U-Werte von alten Gebäuden weisen oft einen Wert von über 1,0 W/(m² · K) auf.

In den nachfolgenden Tabellen sind U-Werte verschiedener Bauteile aufgelistet.

Tabelle 12: Einschaliger Außenwandverputz U-Wert in Abhängigkeit der Wärmeleitfähigkeit λ des Wandbausteins

Wanddicke 30 cm		Wanddicke 36,5 cm		Wanddicke 42,5 cm		Wanddicke 49 cm	
λ W/(m · K)	U-Wert W/(m² · K)	λ W/(m · K)	U-Wert W/(m² · K)	λ W/(m · K)	U-Wert W/(m² · K)	λ W/(m · K)	U-Wert W/(m² · K)
0,365	0,953	0,365	0,815	0,365	0,719	0,365	0,632
0,210	0,604	0,210	0,509	0,210	0,444	0,210	0,387
0,180	0,528	0,180	0,443	0,180	0,386	0,180	0,336
0,160	0,476	0,160	0,399	0,160	0,347	0,160	0,301
0,140	0,422	0,140	0,353	0,140	0,306	0,140	0,266
0,130	0,395	0,130	0,330	0,130	0,286	0,130	0,248
0,120	0,367	0,120	0,306	0,120	0,265	0,120	0,230
0,110	0,338	0,110	0,282	0,110	0,244	0,110	0,212
0,100	0,310	0,100	0,258	0,100	0,223	0,100	0,193
0,090	0,281	0,090	0,233	0,090	0,202	0,090	0,175
0,080	0,251	0,080	0,209	0,080	0,181	0,080	0,156

Für das Referenzgebäude nach EnEV ist für Außenwände ein U-Wert von 0,28 W/(m² · K) anzusetzen (siehe auch Tabelle 4).

Tabelle 13: Außenwand 24 cm mit Wärmedämmverbundsystem U-Wert in Abhängigkeit der Dämmstoffdicke

λ-Wandbaustein = 0,18 W/(m² · K)		λ-Wandbaustein = 0,13 W/(m² · K)	
Dicke Dämmung m	U-Wert W/(m² · K)	Dicke Dämmung m	U-Wert W/(m² · K)
0,04	0,388	0,04	0,324
0,08	0,280	0,08	0,244
0,12	0,218	0,12	0,196
0,16	0,179	0,16	0,164
0,20	0,152	0,20	0,141
0,24	0,132	0,24	0,124
0,28	0,117	0,28	0,110
0,32	0,104	0,32	0,099

Tabelle 14: Decke zu unb. Keller und Fachwerk Dach bzw. Wand U-Wert in Abhängigkeit der Dämmstoffdicke

Kellerdecke zu unb. Keller[1]				Fachwerk Dach/Wand zur Außenluft[2]	
Dicke Dämmung λ = 0,04 W/(m · K)	U-Wert	f_x[3]	U-Abgemindert[4]	Dicke Dämmung	U-Wert
m	W/(m² · K)	–	W/(m² · K)	m	W/(m² · K)
0,04	0,690	0,6	0,414	0,04	0,950
0,06	0,513	0,6	0,308	0,06	0,690
0,08	0,408	0,6	0,245	0,08	0,540
0,10	0,339	0,6	0,203	0,10	0,450
0,12	0,290	0,6	0,174	0,12	0,380
0,14	0,253	0,6	0,152	0,14	0,330
0,16	0,225	0,6	0,135	0,16	0,290
0,18	0,202	0,6	0,121	0,18	0,260
0,20	0,183	0,6	0,110	0,20	0,240
0,24	0,155	0,6	0,093	0,24	0,200
0,30	0,126	0,6	0,075	0,30	0,160

1) Schichtaufbau: Fliesen, Estrich, Folie, Wärmedämmung, Folie, Beton
2) Schichtaufbau: Gipskartonplatte, Lattung, Folie, Fachwerk Sparren/Wärmedämmung Fachwerkbreite 70 cm
3) Abminderungsfaktor f_x für Bauteile die nicht an die Außenluft grenzen wie Kellerräume
4) Abgeminderter U-Wert = U · f_x

Für das Referenzgebäude der EnEV wird für Kellerdecken ein U-Wert von 0,35 W/(m² · K) und für Dächer ein U-Wert von 0,20 W/(m² · K) angesetzt (siehe auch Tabelle 4).

Das schwierigste bei der Berechnung des Heizwärmebedarfs von Altbauten ist die Bestimmung der U-Werte der Außenbauteile. Um diese genau bestimmen zu können, müssten die Konstruktionen der Außenbauteile geöffnet und die Wärmeleitfähigkeit der Baustoffe bestimmt werden. Da dies aus Zeit- und Kostengründen meist nicht möglich ist, dürfen nach §9 der EnEV gesicherte Erfahrungswerte für Bauteile und Anlagenkomponenten vergleichbarer Altersklassen verwendet werden. Hierzu dürfen die vom Bundesministerium für Verkehr, Bau und Stadtentwicklung im Bundesanzeiger bekannt gemachten Veröffentlichungen verwendet werden. In dieser Tabelle sind verschiedene Bauteile nach Altersklassen sortiert.

Tabelle 15: Pauschalwerte für den Wärmedurchgangskoeffizienten bestehender Bauteile ohne nachträgliche Dämmung (Tabelle 2 in der Veröffentlichung des Bundesministeriums)

Pauschalwerte für den Wärmedurchgangskoeffizienten (ohne nachträgliche Dämmung) Bekanntmachung vom Bundesministerium für Verkehr, Bau und Stadtentwicklung im Einvernehmen mit dem Bundesministerium für Wirtschaft und Technologie Bekanntmachung gemäß § 9 Abs. 2 Satz 3 EnEV									
		Bauteilklasse*)							
		bis 1918	1919 bis 1948	1949 bis 1957	1958 bis 1968	1969 bis 1978	1979 bis 1983	1984 bis 1994	ab 1995
		Pauschalwerte für den Wärmedurchgangskoeffizienten in $W/(m^2 \cdot K)$							
Dach	Massive Konstruktion (insbes. Flachdächer)	2,1	2,1	2,1	2,1	0,6	0,5	0,4	0,3
(auch Wände zwischen beheizten und unbeh. Dachgeschoss)	Holzkonstruktion (insbes. Steildächer)	2,6	1,4	1,4	1,4	0,8	0,5	0,4	0,3
oberste Geschossdecke	masssive Decke	2,1	2,1	2,1	2,1	0,6	0,5	0,4	0,3
(auch Fußboden gegen außen z. B. über Durchfahrten)	Holzbalkendecke	1,0	0,8	0,8	0,8	0,6	0,4	0,3	0,3
Außenwand	Massive Konstruktion (Mauerwerk, Beton)	1,7	1,7	1,4	1,4	1,0	0,8	0,6	0,5
(auch Wände zum Erdreich und zu unbeheizten (Keller-)Räumen)	Holzkonstruktion (Fachwerk, Fertighaus)	2,0	2,0	1,4	1,4	0,6	0,5	0,4	0,4
Bauteile gegen Erdreich und Keller	massive Bauteile	1,2	1,2	1,5	1,0	1,0	0,8	0,6	0,6
	Holzbalkendecke	1,0	0,8	0,8	0,8	0,6	0,6	0,4	0,4
Fenster, Fenstertüren	Holzfenster einfach verglast	5,0	5,0	5,0	5,0	5,0	5,0	–	–
	Holzfenster zwei Scheiben**)	2,7	2,7	2,7	2,7	2,7	2,7	2,7	2,7
	Kunststofffenster Isolierverglasung	–	–	–	3,0	3,0	3,0	3,0	3,0
	Alu- oder Stahlfenster, Isolierverglasung	–	–	–	4,3	4,3	4,3	4,3	3,2
Rollladenkästen	neu, gedämmt	1,8							
	alt, ungedämmt	3,0							
Türen		3,5							

*) Baualtersklasse des Gebäudes (bzw. des Bauteils bei neu eingebauten Bauteilen, insbes. Fenster). Die Baualtersklasse 1984 bis 1994 betrifft Gebäude, die nach der Wärmeschutzverordnung vom 24. Februar 1982 (Inkrafttreten 1.1.1984) errichtet wurden.

**) Isolierverglasung, Kastenfenster oder Verbundfenster.

Tabelle 16: Wärmedurchgangskoeffizienten für zusätzlich gedämmte Bauteile (Tabelle 3 in der Veröffentlichung des Bundesministeriums)

Wärmedurchgangskoeffizienten für zusätzlich gedämmte Bauteile Bekanntmachung vom Bundesministerium für Verkehr, Bau- und Stadtentwicklung im Einvernehmen mit dem Bundesministerium für Wirtschaft und Technologie Bekanntmachung gemäß §9 Abs. 2 Satz 3 EnEV									
	Urzustand	zusätzliche Dämmung							
		2 cm	5 cm	8 cm	12 cm	16 cm	20 cm	30 cm	40 cm
	> 2,5	1,20	0,63	0,43	0,30	0,23	0,19	0,13	0,10
	> 2,0 ... 2,5	1,11	0,61	0,42	0,29	0,23	0,19	0,13	0,10
	> 1,5 ... 2,0	1,00	0,57	0,40	0,29	0,22	0,18	0,13	0,10
	> 1,0 ... 1,5	0,86	0,52	0,38	0,27	0,21	0,18	0,12	0,09
	> 0,7 ... 1,0	0,67	0,44	0,33	0,25	0,20	0,17	0,12	0,09
	> 0,5 ... 0,7	0,52	0,37	0,29	0,23	0,18	0,16	0,11	0,09
	≥ 0,5	0,40	0,31	0,25	0,20	0,17	0,14	0,11	0,08

3.9 Einzuhaltende U-Werte bei Sanierungsmaßnahmen

Tabelle 17: Höchstwerte der Wärmedurchgangskoeffizienten bei erstmaligem Einbau, Ersatz und Erneuerung von Bauteilen – nach EnEV Anhang 3 Tabelle 1

Zeile	Bauteil	Wohngebäude und Zonen von Nichtwohngebäuden mit Innentemperaturen ≥ 19 °C	Zonen von Nichtwohngebäuden mit Innentemperaturen von mehr als 12 und weniger als 19 °C
		maximaler Wärmedurchgangskoeffizient U_{max} [1]) in W/(m² · K)	
1	Außenwände,		
a	– die ersetzt, erstmalig eingebaut werden,	0,24	0,35
b	– die außenseitig bekleidet oder verschalt werden,	0,24	0,35
	– bei denen Mauerwerks-Vorsatzschalen angebracht werden	0,24	0,35
c	– Dämmschichten eingebaut werden,	0,24	0,35
c	– die innenseitig gedämmt werden,	0,24	0,35
d	– Außenputz erneuert wird (U-Wert bestehende Wand > 0,9 W/(m² · K)	0,24	0,35

Zeile	Bauteil	Wohngebäude und Zonen von Nichtwohngebäuden mit Innentemperaturen ≥ 19 °C	Zonen von Nichtwohngebäuden mit Innentemperaturen von mehr als 12 und weniger als 19 °C
		maximaler Wärmedurchgangskoeffizient U_{max}[1]) in $W/(m^2 \cdot K)$	
	– bei Maßnahmen an Fachwerkwänden nach a, c oder d,	0,84	0,84
	Ausnahmeregelungen siehe Verordnung		
2	Außenliegende Fenster,		
a	– außenliegende Fenster und Fenstertüren	1,30[2])	1,90[2])
b	– Dachflächenfenster	1,40[2])	1,90[2])
c	– wenn die Verglasung ersetzt wird,	1,10[3])	keine Anforderung
d	– Vorhangfassaden allgemein.	1,50[4])	1,90[4])
e	– Glasdächer	2,00[3])	2,70[3])
	Ausnahmeregelungen siehe Verordnung		
3	Fenster mit Sonderverglasung		
a	– außenliegende Fenster, Fenstertüren und Dachfenster	2,00[2])	2,80[2])
b	– wenn die Verglasung ersetzt wird,	1,60[3])	keine Anforderung
c	– Vorhangfassaden mit Sonderverglasung	2,30[4])	3,00[4])
	Ausnahmeregelungen siehe Verordnung		
	Außentüren: Einbau einer neuen Außentüre	2,90	2,90
4	Dächer unterschieden nach		
a	– Steildächer, oberste Geschossdecke und Abseitenwände	0,24	0,35
b	– Flachdächer	0,20	0,35
	Maßnahmen gelten auch als erfüllt, wenn die maximal mögliche Dämmstoffdicke eingebracht worden ist.	Verordnung	Verordnung
5	Wände und Decken gegen unbeheizte Räume und Erdreich,		
a	– die ersetzt, einmalig eingebaut werden,	0,30	
b	– die außenseitig bekleidet oder verschalt werden,	0,30	
b	– die außenseitig eine Feuchtigkeitssperre oder Drainage erhalten,	0,30	keine Anforderungen
c	– bei Erneuerung des Fußbodenaufbaus auf der beheizten Stelle,	0,50	
d	– Decken, die auf der kalten Seite bekleidet werden,	0,30	
e	– wenn Dämmschalen eingebaut werden,	0,30	
	– Decken nach unten an die Außenluft (a bis e)	0,24	0,35
	Maßnahmen gelten als erfüllt, wenn der maximale Fußbodenaufbau ausgenutzt wurde.		

1) Wärmedurchgangskoeffizient des Bauteils unter Berücksichtigung der neuen und der vorhandenen Bauteilschichten; für die Berechnung opaker Bauteile ist DIN EN ISO 6946 zu verwenden.

2) Bemessungswert des Wärmedurchgangskoeffizienten des Fensters; der Bemessungswert des Wärmedurchgangskoeffizienten des Fensters ist technischen Produkt-Spezifikationen zu entnehmen oder gemäß den nach den Landesbauordnungen bekannt gemachten energetischen Kennwerten für Bauprodukte zu bestimmen. Hierunter fallen insbesondere energetische Kennwerte aus europäischen technischen Zulassungen sowie energetische Kennwerte der Regelungen nach der Bauregelliste A Teil 1 und auf Grund von Festlegungen in allgemeinen bauaufsichtlichen Zulassungen.

3) Bemessungswert des Wärmedurchgangskoeffizienten der Verglasung; der Bemessungswert des Wärmedurchgangskoeffizienten der Verglasung ist technischen Produkt-Spezifikationen zu entnehmen oder gemäß den nach den Landesbauordnungen bekannt gemachten energetischen Kennwerten für Bauprodukte zu bestimmen. Hierunter fallen insbesondere energetische Kennwerte aus europäischen technischen Zulassungen sowie energetische Kennwerte der Regelungen nach der Bauregelliste A Teil 1 und auf Grund von Festlegungen in allgemeinen bauaufsichtlichen Zulassungen.

4) Wärmedurchgangskoeffizient der Vorhangfassade; er ist nach anerkannten Regeln der Technik zu ermitteln.

3.10 Nachrüstpflicht bei bestehenden Gebäuden

Die EnEV schreibt für bestehende Gebäude und Anlagen unter bestimmten Voraussetzungen eine Nachrüstpflicht vor.

a) Anforderung an alte Heizkessel

„Eigentümer von Gebäuden dürfen Heizkessel“,

- *„die mit flüssigen oder gasförmigen Brennstoffen beschickt werden“*,
- die *„vor dem 1. Oktober 1978 eingebaut oder aufgestellt worden sind*

nicht mehr betreiben“. Dies gilt für Kessel mit einer Nennwärmeleistung zwischen 4 kW und 400 kW.

Ausgenommen sind Niedertemperatur-Heizkessel oder Brennwertkessel, sowie Heizkessel nach EnEV § 13 Abs. 3 Nummer 2 bis 4 (siehe Ausnahmen nach EnEV).

Erläuterung:

Alte Heizungsanlagen haben oft einen sehr schlechten Wirkungsgrad und sollten aus diesem Grund durch neue ersetzt werden.

b) Anforderung an Wärmeverteilungs- und Warmwasserleitungen

Ungedämmte Wärmeverteilungs- und Warmwasserleitungen sowie Armaturen, die sich nicht in beheizten Räumen befinden, müssen von den Eigentümern nach Anlage 5 der EnEV gedämmt werden, soweit diese zugänglich sind.

Erläuterung:

Ungedämmte Warmwasserleitungen haben einen enormen Wärmeverlust und tragen dadurch zu einem unnötig hohen Energieverbrauch des Gebäudes bei. Auch Warmwasserleitungen in beheizten Räumen sollten gedämmt werden, damit die Wärmeabgabe in die beheizten Räume besser reguliert werden kann.

c) Oberste Geschossdecke

„Eigentümer von Gebäuden müssen dafür sorgen, dass bisher ungedämmte, nicht begehbare aber zugängliche oberste Geschossdecken beheizter Räumen", die mindestens 4 Monate im Jahr auf eine Innentemperatur von 19 Grad Celsius beheizt werden, *„so gedämmt sind, dass der Wärmedurchgangskoeffizient der Geschossdecke 0,24 W/(m² · K) nicht überschreitet"*. Alternativ kann auch das darüber liegende, bisher ungedämmte Dach entsprechend gedämmt werden.

Ab dem 31. Dezember 2011 gilt dies auch für begehbare bisher ungedämmte Geschossdecken.

Erläuterung:

Begehbare Dachgeschosse sind von dieser Vorschrift ausgenommen, damit deren Ausbau zu Wohnräumen nicht erschwert wird. Falls der Ausbau in naher Zukunft nicht erfolgt, ist es durchaus sinnvoll, diese Decken zu dämmen, da durch ungedämmte Decken zu nicht ausgebauten Dachräumen sehr viel Wärme verloren geht. Ab 2011 müssen auch begehbare Geschossdecken, die noch nicht gedämmt sind, gedämmt werden.

Ausnahme:

Die Anforderungen der Punkte a) bis c) gelten nicht für Gebäude mit ein bis zwei Wohneinheiten, von denen der Eigentümer eine Wohnung am 1. Februar selbst bewohnt hat. In diesem Fall sind diese Maßnahmen erst nach einem Eigentümerwechsel nach dem 1. Februar 2002 vom neuen Eigentümer durchzuführen. Bei Eigentumswechsel müssen diese Maßnahmen innerhalb von zwei Jahren durchgeführt werden. *„Sind im Falle eines Eigentümerwechsel vor dem 1. Januar 2010 noch keine zwei Jahre verstrichen, genügt es, die obersten Geschossdecken von beheizten Räume so zu dämmen, dass der Wärmeübergangskoeffizient der Geschossdecke 0,30 Watt/(m² · K) nicht überschreitet"*.

Beachte:

Vorgenannte Maßnahmen sind nicht durchzuführen, *„soweit die dafür notwendigen Aufwendungen durch die eintretende Einsparung nicht innerhalb angemessener Frist erwirtschaftet werden können"*.

3.11 Anlagentechnik

Bei der Bestimmung der nachzuweisenden Kenngröße Q_P (Primärenergiebedarf) sind die Verluste der Heizungsanlagen mit zu berücksichtigen.

$Q_P = Q_E \cdot f_P$ oder $Q_P = (Q_h + Q_W) \cdot e_P$ (nach DIN V 4108-6 und DIN V 4701-10)

Mit dem Primärenergiefaktor f_P wird die notwendige einzukaufende Energiemenge Q_E bezüglich deren Umweltverträglichkeit beurteilt (Anteil an fossiler Energie). In diesem Faktor ist auch der Energiebedarf für deren Gewinnung, Veredelung und dessen Transport beinhaltet.

Die Anlagenkennzahl e_P beschreibt das Verhältnis der von der Anlagentechnik aufgenommenen Primärenergie Q_P (siehe Tabelle 2) in Relation zu der von ihr abgegebenen Nutzwärme (Heizwärmebedarf Q_h + Trinkwasserbedarf Q_W). Sie dient zum Vergleich unterschiedlicher Heizanlagen hinsichtlich ihres Primärenergieaufwands (Umweltverträglichkeit).

In der anschließenden Grafik ist der Energiefluss von der Gewinnung des Energieträgers bis zur Nutzung als Heizwärme und Trinkwasser dargestellt.

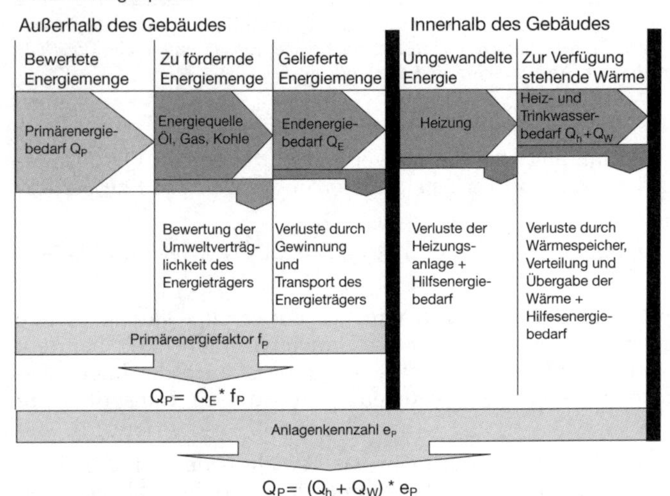

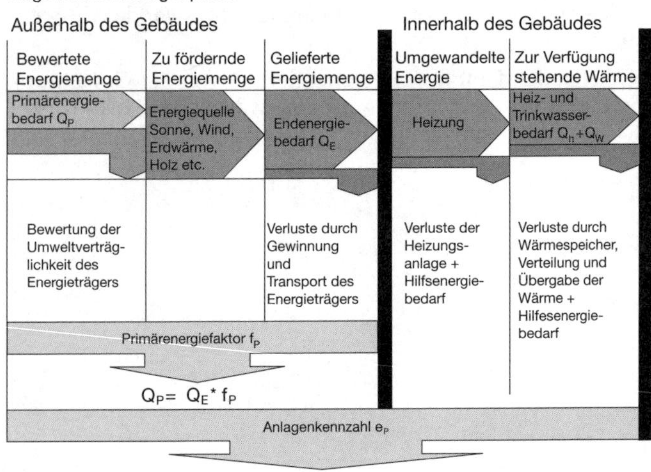

Bild 16: Darstellung des Energieflusses

Die Berechnung der Anlagenverluste sowie die Bestimmung des e_P-Werts und des Endenergiebedarfs Q_E ist für neue Heizungsanlagen in der DIN V 4701-10 und DIN V 18599 (wird hier nicht weiter eingegangen) geregelt. Auf Grund der Komplexität der Berechnungsgänge zur Bestimmung der Anlagenkennzahl e_P wurden in die DIN V 4701-10 drei verschiedene Verfahren mit unterschiedlicher Genauigkeit und unterschiedlichem Schwierigkeitsgrad aufgenommen:

Diagrammverfahren:

Das Diagrammverfahren ist das einfachste und schnellste, aber auch das ungenaueste Verfahren, mit dem die nachzuweisenden Kenndaten der Heizungsanlage berechnet werden können. Im Beiblatt 1 zur DIN V 4701-10 sind eine Vielzahl von Anlagensystemen aufgelistet. Für jedes System gibt es in Abhängigkeit zur beheizten Nutzfläche A_N und zum flächenbezogenen Heizwärmebedarf q_h Tabellen und Grafiken, mit denen die Anlagenaufwandszahl e_P, der Endenergiebedarf $q_{,E}$, die Hilfsenergie $q_{HE,E}$ und der Primärenergiebedarf q_p bestimmt werden können. Zu jedem Anlagentyp gibt es ein Schaubild, in dem die Anlagenkomponenten dargestellt sind.

Tabellenverfahren:

Im Anhang C.1 bis C.4 der DIN V 4701-10 steht ein Berechnungsverfahren zur Verfügung, mit dem die Möglichkeit besteht, die Komponenten einer Heizungsanlage selbst zu definieren. Aus einer Vielzahl von Tabellen können die Kennwerte für die einzelnen Anlagenverluste herausgelesen werden. Es handelt sich auch hier um Geräte, deren energetische Qualität dem unteren Durchschnitt des Marktniveaus entspricht.

Im Anhang A der DIN V 4701-10 sind Tabellen abgebildet, in denen die abgelesenen Werte einzutragen und mit deren Hilfe der Primärenergiebedarf Q_P, der Endenergiebedarf Q_E, die Hilfsenergie Q_{HE} und die Anlagenkennzahl e_P zu berechnen sind. Diese werden getrennt für die Heizwärmeerzeugung, die Trinkwassererwärmung und für eventuell vorhandene Lüftungsanlagen berechnet.

Detailliertes Verfahren:

Mit diesem Verfahren wird die Anlagenkennzahl am genauesten berechnet. Sie fällt dadurch meist kleiner aus als mit den anderen Verfahren. Für die Berechnung sind aber fundierte Kenntnisse der Heizanlagentechnik notwendig.

Folgende Anlagenkomponenten sind bei der Bestimmung der Anlagenkennzahl zu berücksichtigen.

Tabelle 18: Zusammenstellung der Anlagenkomponenten nach DIN 4701-10 Beiblatt 1

Abkürzung	Beschreibung
Wärmeerzeuger	
NT	Gas/Öl: Niedertemperaturkessel
BW	Gas/Öl: Brennwertkessel
WP/W	Strom: Wärmepumpe Wasser
WP/E	Strom: Wärmepumpe Erdreich
WP/L	Strom: Wärmepumpe Luft
EH	Strom: Elektroheizung
FW	Fern- und Nahwärme
Holz	Holzkessel
Trinkwasser-bereitung	
zen H	zentral zusammen mit der Heizung
zen TW	separate zentrale Trinkwasserbereitung
dez	dezentral
Speicher	Warmwasserspeicher für Trinkwasser
o. Zirkulation	ohne Trinkwasserzirkulation
m. Zirkulation	mit Trinkwasserzirkulation
Solaranlage	
TW	solare Unterstützung Trinkwasser
TWH	solare Unterstützung Trinkwasser und Heizung
Lüftungsanlagen	
ABl	Abluftanlage ohne Wärmepumpe
ABl-WP	Abluftanlage mit Wärmpumpe
WRG	Zu-/Abluftanlage … mit Wärmerückgewinnung
WP	Zu-/Abluftanlage … mit Wärmepumpe

Abkürzung	Beschreibung
Wärmeerzeuger	
HR	Zu-/Abluftanlage ... mit Heizregister
Wärmeübergabe	
HK	freie Heizflächen (z. B. Heizkörper)
FBH	integrierte Heizflächen wie Fuß- bzw. Wandheizung
EH	Elektroheizung
LH	Lüftungsheizung
Anordnung	
a	überwiegend außerhalb der thermisch gedämmten Hülle
i	überwiegend innerhalb der thermisch gedämmten Hülle

Ältere Heizungsanlagen sind nach DIN 4701-12 zu berechnen. Für den Energieausweis nach EnEV dürfen für ältere Heizungsanlagen, deren energetischer Kennwert nicht vorliegt, nach § 9 der EnEV gesicherte Erfahrungswerte für die Anlagenkomponenten vergleichbarer Altersklassen verwendet werden. Diese werden unter anderem im Bundesanzeiger vom Bundesministerium für Verkehr, Bau und Stadtentwicklung bekannt gemacht.

http://www.zukunft-haus.info/fileadmin/zukunft-haus/energieausweis/DL2_WG-Datenaufnahme-Wohngebaeudebestand.pdf

3.12 Der Energieausweis

Im Abschnitt 5 der EnEV 2007 wird die Forderung der EU-Richtlinie 2002/91/EG „Gesamtenergieeffizienz von Gebäuden" umgesetzt, in der die Einführung eines Ausweises über den Energieverbrauch für Neu- und Bestandsgebäude festgelegt wurde. Hier wird geregelt, wann, wie und für welche Gebäude ein Energieausweis ausgestellt werden muss.

Im Energieausweis ist die energetische Qualität des Gebäudes darzustellen. Er sagt nichts über den tatsächlich zu erwartenden Energieverbrauch aus, sondern ist lediglich dazu gedacht, einen überschlägigen Vergleich von Gebäuden zu ermöglichen.

a) Ein Energieausweis muss erstellt werden, wenn ein beheiztes oder gekühltes Gebäude
   - neu errichtet wird,
   - geändert und in diesem Zusammenhang eine Berechnung der Transmissionswärmeverluste und des Jahres-Primärenergiebedarfs nach § 9 der EnEV durchgeführt wird,
   - um mehr als die Hälfte seiner beheizten oder gekühlten Nutzfläche erweitert und für das gesamte Gebäude eine Berechnung der Transmissionswärmeverluste und des Jahres-Primärenergiebedarfs nach § 3 oder § 4 der EnEV erstellt wird.

   Der Energieausweis ist dem Eigentümer auszustellen. *„Der Eigentümer hat den Energieausweis der nach Landesrecht zuständigen Behörde auf Verlangen vorzulegen."*

b) Zugänglich zu machen ist ein Energieausweis dann (siehe auch Übergangsvorschriften im Abschnitt 7 der EnEV), wenn
   - ein mit einem Gebäude bebautes Grundstück,
   - ein grundstücksgleiches Recht an einem bebauten Grundstück,
   - selbstständiges Eigentum an einem Gebäude, Wohnungs- oder Teileigentum

   verkauft wird. Der potenzielle Käufer hat das Recht diesen vom Verkäufer vorgelegt zu bekommen.

   Das Gleiche gilt für Mieter, Pächter und Leasingnehmer eines Gebäudes, einer Wohnung oder einer selbstständigen Nutzungseinheit. Auch hier muss der Eigentümer, Vermieter, Verpächter oder Leasinggeber einen Energiepass vorlegen können.

   Ausnahme:

   Baudenkmäler sind vom Punkt b) ausgenommen.

c) In öffentlichen Gebäuden mit mehr als 1000 m² Nettogrundfläche sind Energieausweise öffentlich an gut sichtbarer Stelle auszuhängen. Diese sind nach den Mustern in Anhang 7, 8 oder 9 der EnEV auszustellen.

d) Kleine Gebäude mit einer Nettogrundfläche von bis zu 50 m² Gebäudenutzfläche sind von dieser Vorschrift ausgeschlossen.

Die EnEV bietet bei bestehenden Gebäuden die Möglichkeit an, im Energieausweis entweder den Energieverbrauch (gemessener Energieverbrauch) oder den Energiebedarf (berechneter Energiebedarf) darzustellen. Für Wohngebäude mit mehr als vier Wohnungen besteht Wahlfreiheit zwischen dem verbrauchs- oder bedarfsorientierten Energieausweis.

Diese Wahlfreiheit besteht auch für Wohngebäude mit bis zu vier Wohnungen, wenn sie entsprechend dem Standard der 1. Wärmeschutzverordnung von 1977 errichtet wurden oder später auf diesen Standard gebracht worden sind. Für alle anderen Gebäude darf der Energieausweis nur auf der Basies des berechneten Energiebedarfs ausgestellt werden.

Wird der Energieausweis für bestehende Gebäude auf Grundlage des gemessenen Energieverbrauchs ausgestellt, ist der witterungsbereinigte Energieverbrauch zu ermitteln. Dieser ist für Wohngebäude in kWh/($m^2 \cdot a$) anzugeben. Als Bezugsfläche ist die Gebäudenutzfläche zu verwenden.

Im Zuge der Erstellung des Energieausweises sind dem Eigentümer kostengünstige Verbesserungen der energetischen Eigenschaften des Gebäudes zu unterbreiten, falls solche möglich sind. Hierfür ist das Musterblatt aus Anlage 10 der EnEV zu verwenden. Es darf auch das Muster einer Checkliste verwendet werden, das vom Bundesministerium für Verkehr, Bau und Stadtentwicklung im Bundesanzeiger unter Bezug auf diese Vorschrift bekannt gemacht wurde. Die Vorschläge sind fachlich kurz und verständlich zu fassen. Dabei kann ergänzend auf weiterführende Hinweise in Veröffentlichungen des Bundesministeriums für Verkehr, Bau und Stadtentwicklung Bezug genommen werden. Sind Modernisierungsempfehlungen nicht möglich, hat der Aussteller dies dem Eigentümer schriftlich mitzuteilen.

► Ausstellungsfristen für Energieausweise

Im § 29 der EnEV ist geregelt, ab wann für Wohn- und Nichtwohngebäude Energieausweise erstellt werden müssen. Diese sind zu erstellen und zugänglich zu machen für Wohngebäude

- der Baujahre bis 1965,
  ab dem 1. Juli 2008
- die nach 1965 errichtet wurden,
  ab dem 1. Januar 2009.

Für bestehende Nichtwohngebäude müssen diese ab dem 1. Juli 2009 ausgestellt, zugänglich gemacht oder ausgehängt werden.

Energiebedarfs- und Wärmeschutznachweise nach Energieeinsparverordnung EnEV 2002 und 2004 sowie Wärmebedarfsausweise nach Wärmeschutzverordnung 1995 sind für einen Zeitraum von zehn Jahren nach Ausstellung gültig. Das Gleiche gilt für Energieausweise, die

- von Gebietskörperschaften oder auf deren Veranlassung von Dritten nach einheitlichen Regeln oder
- in Anwendung der in dem von der Bundesregierung am 25. April 2007 beschlossenen Entwurf dieser Verordnung enthaltenen Bestimmungen

ausgestellt worden sind.

4 Einstieg in das EEWärmeG Gesetz zur Förderung Erneuerbarer Energien im Wärmebereich (Erneuerbare-Energien-Wärmegesetz-EEWärmeG)

Am 1. Januar 2009 wurde das „Gesetz zur Förderung Erneuerbarer Energien im Wärmebereich" rechtsgültig. Durch das EEWärmeG möchte die Bundesregierung sicherstellen, dass spätestens im Jahr 2020 14 % der Wärme in Deutschland aus Erneuerbaren Energien gewonnen werden. Durch dieses Gesetz werden alle Bauherrn von Neubauten, ob privat, der Staat oder die Wirtschaft verpflichtet, Erneuerbare Energien für die Wärmeversorgung ihres Gebäudes zu nutzen. Die Bundesländer können dies freiwillig auch bei Altbauten fordern (Die Nutzungspflicht von Erneuerbarer Energien wurde aus der EnEV 2009 herausgenommen).

Wenn ein Eigentümer keine Erneuerbaren Energien einsetzen will, besteht die Möglichkeit Ersatzmaßnahmen zu ergreifen. Dies kann durch bessere Wärmedämmung der Gebäudehülle oder der Nutzung von Fernwärme oder Wärme aus Kraft-Wärme-Kopplung erfolgen.

Unterstützt wird die Nutzung von Erneuerbaren Energien durch das Marktanreizprogramm der Bundesregierung.

Außerdem soll das Gesetz Kommunen den Ausbau von Wärmenetzen erleichtern. Es sieht vor, dass Kommunen auch im Interesse des Klimaschutzes den Anschluss und die Nutzung eines solchen Netzes vorschreiben können.

Zweck und Ziel des Gesetzes

Der Zweck dieser Vorschrift ist es in erster Linie, die fossilen Ressourcen zu schonen und die Abhängigkeit von Energieimporten zu reduzieren. Außerdem soll eine nachhaltige Energieversorgung dadurch aufgebaut werden und die Weiterentwicklung von Technologien zur Erzeugung von Wärme aus Erneuerbaren Energien soll gefördert werden.

Ziel ist es, wie schon erwähnt, den Anteil Erneuerbarer Energien am Endenergieverbrauch für Wärme (Raum-, Kühl- und Prozesswärme sowie Warmwasser) bis zum Jahr 2020 auf 14 % zu erhöhen.

Begriffsbestimmung:

Erneuerbare Energien im Sinne dieses Gesetzes

sind

- **Geothermie** – *„die dem Erdboden entnommene Wärme“*,
- **Umweltwärme** – *„die der Luft oder dem Wasser entnommene Wärme mit Ausnahme von Abwärme“*,
- **solare Strahlungsenergie** – *„die durch Nutzung der Solarstrahlung zur Deckung des Wärmeenergiebedarfs technisch nutzbar gemachte Wärme“* und
- **Biomasse**, *„die aus fester, flüssiger und gasförmiger Biomasse erzeugte Wärme“*.

  „Als Biomasse im Sinne dieses Gesetzes werden nur die folgenden Energieträger anerkannt“:

  - *„Biomasse im Sinne der Biomasseverordnung“*
  - *„biologisch abbaubare Anteile von Abfällen aus Haushalten und Industrie“*,
  - *„Deponiegas“*,
  - *„Klärgas“*,
  - *„Klärschlamm im Sinne der Klärschlammverordnung“*
  - *„Pflanzenölmethylester“*.

5 Energieberatung bei Neubauten

Für die Planung einer energetisch optimierten Gebäudehülle und der dazugehörigen Anlagentechnik ist es notwendig, alle Rahmenbedingungen, die auf den Energiebedarf Einfluss haben, zu kennen und beurteilen zu können. Jedes Gebäude hat unterschiedliche Anforderungen, Nutzer und Klimarandbedingungen (Innen- und Außenklima). Deshalb muss jedes Gebäude für sich betrachtet werden. Nachfolgend werden einige Punkte aufgezählt, die bei der Planung und Beratung berücksichtigt werden sollten.

5.1 Anforderungsstruktur des Nutzers (Energiestandard)

Welchen Energiestandard soll das gewünschte Gebäude haben? Dies ist eine zentrale Frage, die vor Beginn jeder Planung gestellt werden muss. Denn umso weniger das Gebäude an Energie verbrauchen darf, umso mehr muss dies in der Planung berücksichtigt werden. Ein Passivhaus kann in der Regel nur mit einer sehr kompakten Gebäudehülle realisiert werden, dagegen sind bei einem Gebäude nach EnEV-Standard die Anforderungen an die Architektur geringer.

Energiestandards von Gebäuden:

a) EnEV-Standard

Die EnEV gibt einen sehr hohen einzuhaltenden Energiestandard vor. Neue Gebäude, die nach Einführung der EnEV 2009 erbaut wurden, haben einen um ca. 30 % niedrigeren Jahres-Primärenergieverbrauch als Gebäude, die noch nach der EnEV 2002 bzw. 2007 errichtet wurden.

Angesichts stark steigender Energiepreise (siehe Bild 1) und der notwendigen Reduzierung von umweltschädlichen Emissionen, ist es ratsam, neue Gebäude so energiesparend wie möglich zu bauen. Denn bei den bereits hohem energetischen Niveau ist es nachträglich nur mit einem erheblichen Kostenaufwand möglich, den Energieverbrauch weiter zu senken. Beim Neubau eines Gebäudes können energiesparende Maßnahmen oft schon mit geringen Mehrkosten umgesetzt werden.

Energiesparendes Bauen wird durch verschiedene Förderprogramme unterstützt. Die bekanntesten und vom Bund über die KfW-Bank geförderten Energiesparhäuser sind Häuser nach

b) KfW 70-Standard (früher KfW 60-Standard)

c) KfW 55-Standard (früher KfW 40-Standard)

d) Passivhaus-Standard

(siehe 7. Kapitel)

Darüber hinaus gibt es in den einzelnen Städten und Kommunen eigene Förderprogramme für energiesparendes Bauen. Will der Bauherr eines dieser Förderprogramme in Anspruch nehmen, müssen die wärmedämmenden Schichten der Gebäudehülle in Abhängigkeit der Heizungsanlage diesbezüglich bemessen werden.

5.2 Nutzerverhalten

Der rechnerische Nachweis des Energiebedarfes sagt etwas über die energetische Qualität der Gebäudehülle aus. Der tatsächlich zu erwartende Energieverbrauch kann aber, je nach Nutzerverhalten, stark davon abweichen. Damit energiesparende Maßnahmen auch zum gewünschten Erfolg führen, sollten vorab unter anderem folgende Punkte geklärt werden:

a) Anzahl der Bewohner des Gebäudes

Dies hat auf den Warmwasserverbrauch einen erheblichen Einfluss. Je mehr Menschen ein Gebäude bewohnen, umso höher wird auch der Trinkwasserbedarf sein. Maßnahmen zur Reduzierung des Energiebedarfs für die Trinkwassererwärmung sind nur dann sinnvoll, wenn viel warmes Wasser benötigt wird. Die Frage, ob es wirtschaftlich sinnvoll ist, Solarkollektoren zur Brauchwasserunterstützung zu installieren, ist also stark abhängig von dem zu erwartenden Trinkwasserbedarf.

b) Lüftungs- und Wohnverhalten der Benutzer

Einen weiteren Einfluss auf den Energieverbrauch hat das Lüftungs- und Wohnverhalten der Bewohner. Die von der EnEV geforderte dichte Gebäudehülle hat zur Folge, dass die Wohnräume nicht mehr durch undichte Fugen selbstständig ausreichend belüftet werden, sondern dies durch regelmäßiges Fensteröffnen oder durch eine kontrollierte Wohnraumlüftung erfolgen muss. Insbesondere bei neu errichteten Gebäuden, die noch eine hohe Baufeuchte beinhalten, kann es bei zu geringem Luftaustausch zu Schimmelbildung und Feuchtigkeitsausfall an der Innenseite der Gebäudehülle kommen.

Wenn das Gebäude den ganzen Tag über bewohnt wird, kann das Lüften der Räume durch regelmäßiges Öffnen der Fenster durch den Bewohner selbst vorgenommen werden. Hierbei wird aber in der Regel entweder zu viel oder zu wenig gelüftet. Außerdem ist zu beachten, dass dem Bewohner nur ein gewisses Lüftungsverhalten zuzumuten ist.

Wird das Gebäude tagsüber nicht bewohnt, ist eine ausreichende Belüftung nur über eine kontrollierte Lüftungsanlage zu gewährleisten. Diese garantiert eine gleichmäßige, den Anforderungen entsprechende Luftzufuhr und verringert zusätzlich die Lüftungswärmeverluste durch Wärmerückgewinnung.

Zudem ist die Luftqualität stark abhängig von der Anzahl der Personen im Raum und der Art der Nutzung. Je mehr Personen einen Raum benutzen und je aktiver diese sind, um so schneller wird die darin befindliche Luft verbraucht. Hier kann eine kontrollierte Lüftungsanlage erheblich zu einem besseren Raumklima beitragen.

Wenn der Bauherr die Gefahr der Schimmelpilzbildung in Abhängigkeit des Lüftungsverhaltens der Bewohner ausschließen will, sollte er auf jeden Fall eine Lüftungsanlage einbauen.

c) Gewünschte Raumlufttemperatur

Je größer der Temperaturunterschied zwischen Innen- und Außenluft ist, umso größer sind auch die Wärmeverluste durch die Gebäudehülle. Wenn die Innentemperatur um 3 °C angehoben wird, erhöht sich der Primärenergiebedarf um ca. 18 %. Für die Beurteilung der Wirtschaftlichkeit von Wärmedämmmaßnahmen ist dies durchaus von Bedeutung. Denn je höher die Bewohner die Innentemperatur wüschen, umso notwendiger wird eine gut gedämmte Gebäudehülle (siehe auch 2.3 Wetterdaten).

d) Art der Nutzung von Räumen

Die Art und Weise, wie Räume genutzt werden, sollte bei der Auswahl der Heizflächen berücksichtigt werden. Bei Räumen, die nur selten oder zu bestimmten Zeiten am Tag bewohnt werden, ist es sinnvoll diese mit schnell reagierenden Heizkörpern auszustatten, damit diese möglichst schnell bei Benutzung aufgeheizt werden können. Dies gilt für Hobbyräume im Keller aber auch für Wohnungen, die meist nur abends und in der Früh bewohnt werden.

Flächenheizungen sind dann sinnvoll, wenn Räume dauerhaft und möglichst gleichmäßig temperiert werden sollen, da diese träger sind als Wandheizkörper. Ein großer Vorteil von Wand- oder Fußbodenheizungen ist deren hoher Anteil an Wärmestrahlung und geringer Konvektion. Durch die große Fläche und niedrige Temperatur wird die meiste Wärme durch Wärmestrahlung an die Räume abgegeben, was in der Regel als angenehmer empfunden wird. Zu beachten ist, dass durch die geringe Lüftumwälzung im Raum mehr gelüftet werden muss, um eventuell anfallende Feuchtigkeit an den Außenbauteilen zu verhindern.

5.3 Örtliche Klimarandbedingungen

Wie Pkt. 2.3 bereits erläutert, herrschen in Deutschland je nach Region unterschiedliche Klimabedingungen. Da die Wärmeverluste und Wärmegewinne von diesen abhängig sind, sollte die Witterung vor Ort berücksichtigt werden.

5.4 Architektur der Gebäudehülle

Die Architektur eines Gebäudes hat erheblichen Einfluss auf deren Energiebedarf. Folgende Faktoren sind hierbei von Bedeutung:

a) A/V-Verhältnis

Je größer die Hüllfläche (A) zum beheizten Volumen (V) ist, umso mehr Wärme geht über die Gebäudehülle verloren. Kompakte Gebäude haben einen geringeren Energieverbrauch als zerklüftete Gebäude.

b) Größe und Orientierung der Fensterflächen

Südfenster haben höhere solare Wärmegewinne als Nordfenster. Aus diesem Grund sollten Aufenthaltsräume nach Möglichkeit immer durch Süd-, Ost- bzw. Westfenster belichtet werden. Nebenräume, die nur eine geringe Belichtung benötigen, sind nach Norden zu orientieren.

c) Zonierung des Gebäudes

Die Räume eines Gebäudes sollten so zoniert werden, dass jeweils alle warmen Räume und alle niedrig beheizten Räume nach Möglichkeit zusammen liegen. Außerdem sollten die Wohn- und Aufenthaltsräume nach Süd, Ost und West, die niedrig beheizten Nebenräume nach Norden orientiert werden.

d) Integration von Solaranlagen und Photovoltaik

Wenn das Gebäude durch eine Solaranlage mit Wärme versorgt werden soll, sollte die Installation auch architektonisch gelöst werden. Das Gleiche gilt auch für Photovoltaikelemente. Die Elemente sollten nicht als Fremdköper auf das Dach oder an die Fassade montiert werden, sondern sich in die Architektur des Gebäudes einfügen.

5.5 Mehr Heizung oder mehr Dämmung?

Es gibt unterschiedliche Meinungen bezüglich der Frage, worin vorrangig mehr Geld investiert werden soll. In eine umweltfreundliche Heizungsanlage oder in eine gut gedämmte Gebäudehülle.

Folgendes spricht für eine gut gedämmte Gebäudehülle (siehe auch 2.4):

- niedrigerer Energiebedarf
- geringe laufende Energiekosten
- sehr gutes Innenraumklima
- einfache Anlagentechnik
- oft wirtschaftlicher als eine aufwendige Anlagentechnik
- kann nachträglich nur unter hohem Kostenaufwand verbessert werden.

Je weniger Energie das Gebäude benötigt, umso weniger wichtig ist es, wie der verbleibende Energiebedarf gedeckt wird. Dieser sollte nach Möglichkeit umweltfreundlich erzeugt werden, was gerade bei geringer Heizlast einfacher und kostengünstiger erreicht werden kann.

Die Investition in eine gut gedämmte Gebäudehülle sollte deshalb immer als vorrangig betrachtet werden.

5.6 Auswahl der Heizungsanlage

Die Auswahl der Heizungsanlage hängt von verschiedenen Faktoren ab:

a) Nutzer

Das Wichtigste bei der Auswahl der Heizungsanlage ist der Nutzer des Gebäudes. Jeder Nutzer hat unterschiedliche Ansprüche. Folgende Kriterien spielen dabei mit unterschiedlicher Wertung eine Rolle:

- Anschaffungskosten
- laufende Kosten
- Umweltverträglichkeit
- Energieträger
- Wartung
- Aufwand der Anlagentechnik
- Statussymbol.

Für den einen sind wirtschaftliche Gesichtspunkte wie Anschaffungs- und Unterhaltskosten vorrangig, für den anderen steht die Umweltverträglichkeit an erster Stelle. Pellets-Heizungen sind umweltfreundlicher als Gasheizungen, benötigen aber einen Lagerraum und sind aufwändiger in der Wartung und im Unterhalt. Jedes Heizsystem hat seine Vor- und Nachteile und ist nicht für jedes Gebäude und jeden Nutzer geeignet.

b) Energiebedarf

Je niedriger der Energieverbrauch ist, umso einfacher und wirtschaftlicher kann dieser durch regenerative Energiequellen gedeckt werden. Für kleine Heizlasten (unter 6 KW) sind Systeme sinnvoll, die geringe Energiemengen erzeugen können, ohne ständig ein- und auszuschalten. Dies sind z. B. Solaranlagen, Wärmepumpen, auch in Kombination mit Lüftungsanlagen und kleine Gasbrenner. Auch kleine Pelletsöfen, die im Wohnraum aufgestellt werden, sind dafür geeignet. Bei großen Heizlasten werden nach wie vor meist Öl- und Gaskessel eingesetzt. Hier sollten aber auf jeden Fall Brennwertgeräte eingesetzt werden. Es sind aber auch Biomasse-Wärmeerzeuger geeignet, wenn genügend Platz für die Lagerung des Brennstoffs zur Verfügung steht.

c) Art der Heizflächen

Heizflächen und Heizungsanlage müssen aufeinander abgestimmt werden. Bei Flächenheizungen sind Heizsysteme sinnvoll, die ihren höchsten Wirkungsgrad im Niedertemperaturbereich besitzen. Dazu gehören Wärmepumpensysteme, Solaranlagen und Brennwerttechnik. Diese erreichen ihren höchsten Wirkungsgrad bei einer Vorlauftemperatur von 35–55 °C und sind dadurch ideal mit Wand- und Fußbodenheizungen zu kombinieren.

d) Nutzerverhalten

Der Nutzer muss darauf hingewiesen werden, wie viel Wartung das ausgewählte Heizsystem benötigt. Wenn er nicht bereit ist, regelmäßig seine Heizungsanlage zu kontrollieren, sind wartungsintensivere Heizkessel ungeeignet.

e) Inanspruchnahme von Fördergeldern

Wenn ein bestimmter Primärenergiebedarf aus Fördergründen nicht überschritten werden darf (z. B. KfW 55 bzw. 70 Darlehen), ist es notwendig, ein Heizsystem auszuwählen, mit dem die Anforderungen eingehalten werden können. Dies ist insbesondere bei einem KfW 40-Standard fast nur noch mit regenerativen Energiequellen möglich.

f) Räumliche Gegebenheiten

Ein großes Kriterium bei der Auswahl des Heizsystems sind auch die räumlichen Gegebenheiten. Bei Platzmangel oder fehlendem Keller scheiden Heizungsanlagen mit notwendiger Brennstofflagerung meist aus.

g) Zusammenstellung verschiedener Heizungsanlagen

Die Aufgabe des Planers ist es, den Kunden qualifiziert zu beraten und das für ihn richtige Heizsystem auszuwählen.

Folgend sind die wichtigsten Heizsysteme mit ihren Energiekennzahlen sowie deren Vor- und Nachteilen aufgelistet. Die Anlagenaufwandzahl e_g (siehe Tabelle 2) wurde für ein Einfamilienhaus nach EnEV-Standard berechnet. Sie dient nur als Größenordnung und kann nicht auf andere Gebäude übertragen werden.

Quelle: „Wärmeschutz und Energiebedarf nach EnEV“, Volland/Volland

Niedertemperaturkessel Öl (NT):

Nutzungsgrad η:	ca. 92–95 %	
Aufwandszahl e_g:	ca. 1,11–1,13	(DIN 4701-10 Tabelle C.3-4b)
Primärenergiefaktor f_P		
insgesamt:	1,1	(DIN 4701-10 Tabelle C.4-1)
nicht erneuerbarer Anteil:	1,1	(DIN 4701-10 Tabelle C.4-1)

Vorteile: altbewährtes Heizsystem
geringer Wartungsaufwand

Nachteile: hoher Primärenergiebedarf
fossiler Brennstoff
kein endlicher Brennstoff
stark steigende Energiekosten
Umweltbelastung durch umweltschädigenden CO_2-Ausstoß
Lageraum und Kamin notwendig

Heizflächen: Wandheizkörper
Flächenheizung in Verbindung mit Warmwasserspeicher

Brennwertkessel Gas (BW):

Nutzungsgrad η:	ca. 109 %	
Aufwandszahl e_g:	ca. 0,95–1,01	(DIN 4701-10 Tabelle C.3-4b)
Primärenergiefaktor f_P:		
insgesamt:	1,1	(DIN 4701-10 Tabelle C.4-1)
nicht erneuerbarer Anteil:	1,1	(DIN 4701-10 Tabelle C.4-1)

Vorteile: geringe Investitionskosten, wenn Gasanschluss vorhanden
geringer Wartungsaufwand
geringer Platzbedarf
kein Lagerraum notwendig
Aufstellung auch im DG möglich
geringere CO_2-Belastung als bei Ölheizung
hoher Wirkungsgrad

Nachteile: hoher Primärenergiebedarf
fossiler Brennstoff
stark steigende Energiekosten
Umweltbelastung durch umweltschädigenden CO_2-Ausstoß

Heizflächen: Flächenheizung aber auch Wandheizkörper

Wärmepumpe WP/W: Energieträger Grundwasser:

Nutzungsgrad η:	–	
Aufwandszahl e_g:	0,19–0,23	(DIN 4701-10 Tabelle C.3-4b)
Primärenergiefaktor f_P:		
insgesamt:	3	(DIN 4701-10 Tabelle C.4-1)
nicht erneuerbarer Anteil:	2,6	(EnEV 2009)

Vorteile: niedriger Primärenergiebedarf
geringere CO_2- Belastung
geringer Wartungsaufwand
geringer Platzbedarf
kein Lagerraum notwendig
niedrige Energiekosten

Nachteile: meist höhere Investitionskosten
Energieträger Strom

Heizflächen: Flächenheizung

Wärmepumpe: Energieträger Erdreich (WP/E)

Nutzungsgrad η:	–	
Aufwandszahl e_g:	0,23–0,27	(DIN 4701-10 Tabelle C.3-4b)
Primärenergiefaktor f_P:		
insgesamt:	3	(DIN 4701-10 Tabelle C.4-1)
nicht erneuerbarer Anteil:	2,6	(EnEV 2009)

Vorteile: wie Wärmepumpe WP/W

Nachteile: wie Wärmepumpe WP/W
höhere Aufwandszahl e_g als WP/W
Freifläche für die Verlegung des Erdkollektors notwendig

Heizflächen: Flächenheizung

Wärmepumpe: Energieträger Luft (WP/L)

Nutzungsgrad η:	–	
Aufwandszahl e_g:	0,30–0,37	(DIN 4701-10 Tabelle C.3-4b)
Primärenergiefaktor f_P:		
insgesamt:	3 (Strom)	(DIN 4701-10 Tabelle C.4-1)
nicht erneuerbarer Anteil:	2,6	(EnEV 2009)

Vorteile: wie Wärmepumpe WP/W
geringere Investitionskosten

Nachteile: wie Wärmepumpe WP/W
die Energiekosten und der Primärenergiebedarf sind wesentlich höher als bei WP/W und WP/E

Heizflächen: Flächenheizung

Elektroheizung (EH):

Nutzungsgrad η: –

Aufwandszahl e_g: 1 (DIN 4701-10 Tabelle C.3-4b)

Primärenergiefaktor f_P:

insgesamt: 3 (DIN 4701-10 Tabelle C.4-1)

nicht erneuerbarer Anteil: 2,6 (EnEV 2009)

Vorteile: geringe Investitionskosten
kein Wartungsaufwand
kein Heizkessel notwendig
kein Lagerraum und Kamin notwendig

Nachteile: sehr hoher Primärenergiebedarf
hohe Anforderung an die Wärmedämmung
hohe CO_2-Belastung
Energieträger Strom

Heizflächen: Wandheizkörper und Flächenheizung

Fern- und Nahwärme (FW):

Nutzungsgrad η: –

Aufwandszahl e_g: –

Primärenergiefaktor f_P: davon abhängig, wie Wärme erzeugt wird

Vorteile: geringe Investitionskosten
kein Wartungsaufwand
geringer Platzbedarf
kein Lagerraum notwendig

Der Primärenergiebedarf ist davon abhängig, wie umweltfreundlich die Wärme im Nah- bzw. Fernwärmekraftwerk erzeugt wird.

Nachteile: Abhängigkeit vom Wärmelieferanten

Heizflächen: Wandheizkörper und Flächenheizung

Pellets-Heizung:

Nutzungsgrad η:	90–94 %	
Aufwandszahl e_g:	1,38–1,49	(DIN 4701-10 Tabelle C.3-4b)
Primärenergiefaktor f_P:		
insgesamt:	1,2	(DIN 4701-10 Tabelle C.4-1)
nicht erneuerbarer Anteil:	0,2	(DIN 4701-10 Tabelle C.4-1)

Vorteile: niedriger Primärenergiebedarf
geringe CO_2-Belastung (siehe Tabelle 2 „Regenerative Energieträger")
Brennstoff kann regional bezogen werden
Brennstoff meist günstiger als fossiler Brennstoff
zukunftssicherer Brennstoff

Nachteile: hohe Investitionskosten
höherer Wartungsaufwand
Lagerraum und Kamin notwendig

Heizflächen: Wandheizkörper
Flächenheizung in Verbindung mit Warmwasserspeicher

Stückholzfeuerung:

Aufwandszahl e_g:	1,75	(DIN 4701-10 Tabelle C.3-4b)
Primärenergiefaktor f_P:		
insgesamt:	1,2	(DIN 4701-10 Tabelle C.4-1)
nicht erneuerbarer Anteil:	0,2	(DIN 4701-10 Tabelle C.4-1)

Vorteile: niedriger Primärenergiebedarf
geringe CO_2-Belastung (siehe Tabelle 2 „Regenerative Energieträger")
Brennstoff kann regional bezogen werden
Brennstoff günstiger als fossile Energieträger
zukunftssicherer Brennstoff

Nachteile: hohe Investitionskosten
höherer Wartungsaufwand
Lageraum und Kamin notwendig

Heizflächen: Wandheizkörper
Flächenheizung in Verbindung mit Warmwasserspeicher

Solaranlagen:

Aufwandszahl e_g: –

Primärenergiefaktor f_P: 0

Vorteile: kein Primärenergiebedarf
keine CO_2-Belastung
Solarenergie unbegrenzt vorhanden
keine Energiekosten (nur Hilfsenergie)

Nachteile: hohe Investitionskosten
wirtschaftlich nur mit zusätzlichem Heizsystem

Heizflächen: Flächenheizung

In der nachfolgenden Grafik werden die einzelnen Heizsysteme bezüglich ihres Primärenergiebedarfs untersucht. Die Daten wurden für ein Einfamilienhaus mit 205 m² nach EnEV-Standard ermittelt.

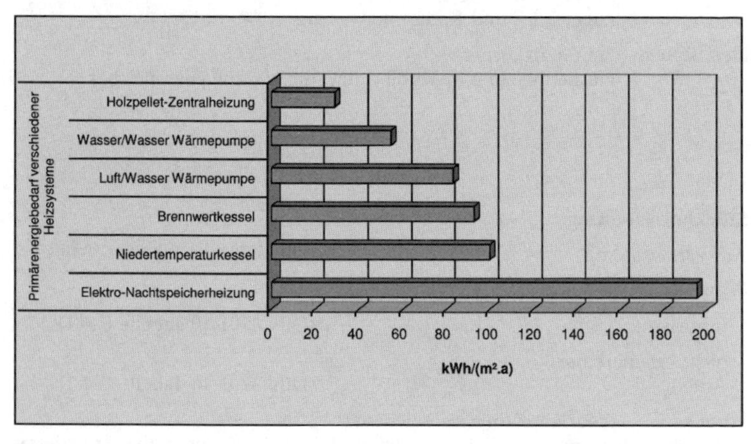

Bild 17: Primärenergiebedarf verschiedener Heizsysteme (nicht erneuerbarer Anteil)

6 Energieberatung bei bestehenden Gebäuden

Die Energieberatung für bestehende Gebäude unterscheidet sich nicht wesentlich von der bei Neubauten. Der einzige Unterschied ist, dass es sich um ein schon bestehendes Gebäude handelt und dessen Funktion und energetische Qualität erst erfasst werden müssen. Dies ist die erste und schwierigste Aufgabe.

6.1 Energieberatung als Erstinformation

Nicht immer sind aufwendige Untersuchungen und Berechnungen notwendig, um Mängel am Gebäude festzustellen. Offensichtliche Mängel wie marode und veraltete Anlagentechnik, Bauschäden und falsches Nutzerverhalten können oft schon bei einer Begehung des Gebäudes erkannt und beurteilt werden. Insbesondere der Energieverbrauch des Gebäudes gibt einen ersten Anhaltswert über den Energiestandard des Objekts. Zu beachten ist, dass der Energieverbrauch stark vom Nutzerverhalten beeinflusst wird und dies bei der Beurteilung zu berücksichtigen ist. Aufgrund dieser Erstinformationen können schon kleinere Maßnahmen ergriffen werden, die zur Senkung des Energiebedarfs beitragen.

Aber nicht alle Schwachstellen sind mit dem Auge erkennbar. Undichtigkeiten und Wärmebrücken können oft nur erahnt und in ihrer Dimension geschätzt werden. Für die bildliche Darstellung und Messung dieser Schwachstellen ist es sinnvoll, diese mit Hilfe einer Blower-Door-Messung und einer Wärmebildkamera (Thermografie) zu untersuchen.

Blower-Door-Messung

Die **Blower-Door-Messung** dient zur Messung der Dichtheit eines Gebäudes. Sie wird in erster Linie bei Neubauten angewandt, um festzustellen, ob das Gebäude die Anforderungen der EnEV bezüglich Luftdichtheit erfüllt. Sowohl bei Alt- als auch bei Neubauten können mit Hilfe dieser Messung Undichtigkeiten aufgedeckt und dadurch gezielt beseitigt werden.

Für die Untersuchung wird ein Gebläse luftdicht in den Rahmen einer Außentür oder in ein Fenster eingebaut. Anschließend wird im Gebäude sowohl ein Überdruck als auch ein Unterdruck erzeugt. Anhand des Volumenstroms, der notwendig ist um eine bestimmte Druckdifferenz zu erzeugen, kann die Dichtheit des Gebäudes festgestellt werden. Ist das Gebäude undicht, können mit Hilfe von Rauchspender, Luftgeschwindigkeitsmesser und Thermograf die Schwachstellen geortet werden. Der Bauherr bekommt mit dieser Messung einen sichtbaren Eindruck, wie viel an Wärme unnötig durch undichte Fugen verloren geht.

Thermografie

Mit Hilfe der Thermografie ist es möglich die Oberflächentemperaturen der Außenbauteile zu messen und bildlich darzustellen. Hierzu werden die Außenbauteile mit Hilfe einer Wärmebildkamera sowohl innen als auch außen fotografiert. Anhand der Farben des Bildes, Rot für Warm und Blau für Kalt, können die Oberflächentemperaturen bestimmt werden. Wärmebrücken und Undichtigkeiten sind auf diesen Bildern auch für den Laien gut erkennbar. Auch hier bekommt der Bauherr einen schnellen Eindruck über die energetische Qualität der Gebäudehülle.

Wichtig ist, dass diese Messungen von geschulten und zertifizierten Fachleuten durchgeführt werden. Denn wenn die Rahmenbedingungen und Witterungsverhältnisse nicht richtig beurteilt werden, können die Messergebnisse oft zu falschen Interpretationen führen. Hierfür ist viel Erfahrung und bauphysikalisches Verständnis notwendig.

Bild 18: Thermografie einer Außenwand (Quelle: Friedemann Zeitler, Penzberg)

Auf diesem Bild sind Wärmebrücken wie Heizkörpernischen, Rollladenkästen, Betonpfeiler und Betonstürze gut erkennbar. Die Oberflächentemperaturen sind an diesen Stellen teilweise um 2 °C höher als an der homogenen Wand.

Das Wichtigste an diesen Untersuchungen ist, dass der Bauherr die Schwachstellen seines Gebäudes erkennt und versteht, wo und wofür Energie benötigt bzw. unnötig verbraucht wird. Wenn er die Ursachen erkannt hat und der Wunsch vorhanden ist, den Energieverbrauch zu senken, wird er Maßnahmen zur Energieeinsparung durchführen lassen.

Falls sich der Bauherr dazu entschlossen hat, ist eine detaillierte Energieberatung notwendig. Denn nur wenn das Gebäude in seiner Gesamtheit betrachtet wird, können der Energieverbrauch wirtschaftlich gesenkt und Bauschäden vermieden werden.

6.2 Detaillierte Energieberatung

a) Aufnahme des Gebäudebestandes

Für die detaillierte Energieberatung muss zuerst der Gebäudebestand erfasst werden. Hierfür ist es sinnvoll eine Checkliste zu verwenden, damit bei der Gebäudeaufnahme nichts vergessen wird. Diese kann entweder selbst erstellt oder u. a. von der DENA aus dem Internet heruntergeladen werden (www.dena.de).

Vom Bauherrn müssen folgende Unterlagen und Informationen (wenn vorhanden) zur Verfügung gestellt werden:

- Pläne
- Baubeschreibung
- Angaben zu bereits durchgeführten Wärmeschutzmaßnahmen
- Energieverbrauch der letzen 3 Jahre
- die letzten zwei Schornsteinfeger-Protokolle
- geplante Sanierungsmaßnahmen
- Nutzerverhalten bezüglich Innentemperatur, Lüftungsverhalten und Warmwasserverbrauch.

Folgendes Werkzeug und Unterlagen sind für die Gebäudeaufnahme sinnvoll:

- Fotoapparat
- Meterstab (Zollstock)
- Bandmaß
- Notizblock mit Bleistift und Radiergummi
- Diktiergerät
- Taschenlampe
- Feuerzeug
- Checkliste
- Energieberatervertrag.

Spezialwerkzeug wenn vorhanden

- Laser-Entfernungsmessgerät
- Messgerät für Oberflächentemperaturen und Feuchtegehalt der Luft.

Wenn keine aktuellen Pläne vom Gebäude vorhanden sind, muss dieses entweder von Hand aufgemessen werden (sehr zeitaufwendig) oder deren Flächen über ein Fotoaufmaß bestimmt werden. Hierfür gibt es kostengünstige Programme auf dem Markt. Mit Hilfe dieser können anhand von digitalen Fotos und einem dazugehörigen Referenzwinkel die Flächen des Gebäudes schnell und ausreichend genau bestimmt werden.

Folgende Daten vom Gebäude werden benötigt:

Gebäudedaten:

- Baujahr des Gebäudes und eventueller Anbauten
- Anzahl der Wohnungen
- beheizte Wohnfläche
- Anzahl der Vollgeschosse
- Nutzung der einzelnen Räume und Gebäudeteile
- zukünftige Nutzung des Gebäudes
- Bauschäden und Feuchteprobleme
- allgemeiner Gebäudezustand (guter Zustand oder sanierungsbedürftig).

Bauteildaten:

Alle Aufbauten und Materialien der verschiedenen Außenbauteile der beheizten Gebäudehülle wie

- Kellerdecke, Kellerwände, Wand gegen unbeheizten Keller etc. (nur wenn Keller beheizt wird)
- Außenwände und Decken zur Außenluft
- Wände und Decken zu unbeheizten und niedrig beheizten Räumen
- Dachfläche, Abseitenwände
- Wärmebrücken wie Balkonplatte, Rollladenkästen, Heizkörpernischen
- Fenster mit Material des Rahmens, Glasart und Dichtheit
- Haustüre mit Material des Rahmens, des Türblatts sowie deren Dichtheit.

Heizungsanlage:

- Art und Baujahr des Kessels
- Art und Baujahr des Brenners

- Betriebsweise zentral oder dezentral, nur für Heizung oder auch Brauchwasser
- sonstige Wärmeerzeuger wie z. B. Kachelofen oder Solaranlage
- Energieträger
- Nennwärmeleistung
- Abgasverluste
- Nachtabsenkung
- Außentemperaturfühler vorhanden
- Vor-/Rücklauftemperatur des Heizungswassers
- Warmwasserspeicher vorhanden, Art und Größe
- Dämmung der Warmwasserleitungen
- Art der Verteilung des Trinkwassers (Zirkulation)
- Zustand der Anlagentechnik
- Art und Zustand des Kamins
- Art der Pumpen.

Verteilung der Wärme in den Räumen:

- Art der Heizkörper
- Art der Heizkörperventile.

Sinnvoll ist es auch, die Adresse des Heizungsbauers und des Kaminkehrermeisters für eventuelle Nachfragen zu notieren. Bei größeren und aufwendigen Heizungsanlagen sollte ein Heizungsbauer oder Anlagentechniker hinzugezogen werden, da zu deren energetischer Beurteilung spezielles Fachwissen notwendig ist.

Hinweis:

Die Liste hat keinen Anspruch auf Vollständigkeit und dient nur zur Orientierung.

b) Berechnung des Energiebedarfs

Wenn alle Gebäudedaten aufgenommen sind, kann mit der Berechnung des Energiebedarfs begonnen werden. Diese sollte mit einer geeigneten Energieberatersoftware durchgeführt werden (siehe Kapitel 7).

Als erstes ist der Ist-Zustand des Gebäudes zu berechnen. Hierbei ist unter anderem auf folgende Punkte zu achten:

- möglichst wirklichkeitsgetreue Bauteileingabe
- Einstellen der vorhandenen Klimadaten bezüglich Strahlungsintensität und durchschnittlicher Außentemperatur
- tatsächlicher Trinkwasserbedarf

- geschätzte Luftwechselrate
- durchschnittliche Innentemperatur
- Teilbeheizungsfaktor
- Wirkungsgrad der Heizungsanlage.

Die größte Herausforderung ist die wirklichkeitsgetreue Eingabe der Gebäudedaten und des Nutzerverhaltens. Nur wenn das Gebäude richtig erfasst wurde, können der Nutzen und die Wirtschaftlichkeit von Sanierungsmaßnahmen einigermaßen genau berechnet werden. Es handelt sich hier immer um theoretische Näherungswerte. Als Anhalt dient der tatsächliche Energieverbrauch des Gebäudes. Wenn die Rahmenbedingungen richtig erfasst wurden, muss der rechnerisch ermittelte Energieverbrauch mit dem tatsächlichen Energieverbrauch nahezu übereinstimmen.

Eines der größten Probleme ist hierbei die richtige Beurteilung der Wärmeverluste über die Gebäudehülle. Nachdem die einzelnen Bauteile nicht alle auf deren Materialien und die dazugehörigen Wärmeleitfähigkeit untersucht werden können (nur mit großem Aufwand möglich), ist man hier auf die Angaben des Besitzers und auf Erfahrungswerte angewiesen. Es gibt verschiedene Quellen, in denen Bauteilschichtungen aus den verschiedenen Erstellungsjahren des letzten Jahrhunderts aufgelistet sind (siehe auch Tabelle 10). Mit deren Hilfe kann die Wärmeleitfähigkeit der einzelnen Bauteile abgeschätzt werden. Man muss sich aber bewusst sein, dass hier eine große Fehlerquelle in der Berechnung liegen kann (siehe auch Kapitel 3.6).

Eine weitere Herausforderung ist die Bestimmung des Wirkungsgrades der Heizungsanlage. Hierfür sind viel Erfahrung und Kenntnisse in der Anlagentechnik notwendig. Für einfache Anlagen gibt es Anlagenkennzahlen für verschiedene Heizsysteme unterschiedlichen Alters. Diese sind aber wiederum nur Durchschnittswerte (siehe auch Kapitel 3.8). Bei komplexeren Anlagen ist es auf jeden Fall ratsam, einen Fachmann zur Beurteilung der Anlage heranzuziehen.

Wenn der berechnete Wert mit dem tatsächlich vorhandenen Energieverbrauch übereinstimmt, kann mit der Eingabe von Energieeinsparmaßnahmen begonnen werden.

c) Beurteilung von Maßnahmen zur Energieeinsparung

An Hand der Auswertung des Ist-Zustandes kann abgelesen werden, wo die meiste Energie verloren geht. Dort kann in der Regel auch am meisten Energie eingespart werden. Außerdem sollten die Sanierungsmaßnahmen untersucht werden, die in naher Zukunft sowieso durchgeführt werden müssen. Diese können am wirtschaftlichsten saniert werden, da hier nur Kosten für die zusätzliche Wärmedämmung anfallen.

Beispiele:

- Wenn die Außenwand neu gestrichen werden muss, ist es sinnvoll diese gleichzeitig zu dämmen.
- Wenn das Dach neu eingedeckt werden muss, sollte auch dort der Wärmeschutz optimiert werden.
- Wenn die Heizung erneuert werden muss, sollte überlegt werden, ob regenerative Energiequellen mit eingebunden werden können,
- etc.

Für die einzelnen Maßnahmen sollte jeweils berechnet werden:

- Einsparung an Endenergie Q_E
- Einsparung an Primärenergie Q_P
- Verringerung der Emissionen
- Energiekosteneinsparung
- neue Heizlast.

Die einzelnen Maßnahmen können nun an Hand des theoretisch möglichen Einsparpotenzials beurteilt werden.

Zur Beurteilung der Wirtschaftlichkeit der einzelnen Maßnahmen müssen noch die Kosten für die Durchführung kalkuliert werden. Anhand der Energiekosteneinsparung und der dafür notwendigen Investition, kann die Wirtschaftlichkeit der einzelnen Maßnahmen abgeschätzt werden. Für eine genaue Beurteilung der Wirtschaftlichkeit ist aber noch eine Vielzahl von Komponenten notwendig wie Nutzungsdauer, geschätzte Energiepreissteigerung, jährlich realer Zinssatz, Abschreibungsmöglichkeiten etc.

6.3 Was kann bei der energetischen Sanierung falsch gemacht werden

Da oft nicht genug Geld für eine komplette Gebäudesanierung vorhanden ist, wird in vielen Fällen eine Teilsanierung durchgeführt. Hierin liegt die größte Gefahr für das Gebäude. Es muss immer beurteilt werden, welche Auswirkung die Sanierung eines Bauteiles auf den Wärme- und Feuchtigkeitshaushalt des Gebäudes haben wird. Denn das Gebäude ist immer in seiner Gesamtheit zu betrachten. Wenn an einer Stelle etwas verändert wird, kann es an einer anderer Stelle zu Schäden kommen.

Beispiele:

a) Erneuern alter undichter Fenster durch dichte Fenster mit Wärmeschutzglas

Wenn es in einem Gebäude mit schlecht gedämmter Gebäudehülle nicht zu Schimmelpilzbildung an den Außenwänden kommt, liegt es daran, dass durch die undichten Fenster ein ausreichender Luftaustausch im Gebäude gewährleistet ist. Werden nun neue dichte Fenster eingebaut, ohne dass die Dämmeigenschaft der Gebäudehülle verbessert wird, besteht eine große Gefahr, dass nun an den Außenwänden Feuchtigkeit ausfällt und Schimmelpilzbildung entsteht. Dies liegt daran, dass durch die dichten Fenster ein ausreichender Luftwechsel im Gebäude nicht mehr vorhanden ist und die relative Luftfeuchtigkeit ansteigt.

Dies ist einer der häufigsten Fehler bei Sanierungsmaßnahmen. Wenn die Fenster gegen neue ausgetauscht werden, muss entweder die Gebäudehülle mit gedämmt werden, damit die Oberflächentemperatur der Außenbauteile angehoben wird (siehe 2.4) oder es muss durch eine kontrollierte Lüftungsanlage ein ausreichender Luftwechsel gewährleistet sein.

b) Einbau einer neuen Heizungsanlage

Wenn bei einem alten Gebäude eine neue Heizungsanlage eingebaut wird, muss immer bedacht werden, ob in den nächsten Jahren auch die Gebäudehülle gedämmt wird. Durch das Dämmen der Gebäudehülle verringert sich die Heizlast der Gebäudes. Wenn die Heizung auf die momentane Heizlast des unsanierten Gebäudes ausgelegt wird, stimmt die Heizlast bei einer weiteren Sanierung der Gebäudehülle nicht mehr mit der dann notwendigen Heizlast überein. In diesem Fall sollte auf jeden Fall eine modulierende Heizung eingebaut werden, die mit unterschiedlicher Heizlast gefahren werden kann.

c) Feuchte Außenwände

Vor Aufbringung einer Wärmedämmung an die Außenwände müssen diese auf deren Feuchtegehalt untersucht werden. Wenn sie sehr feucht sind, muss gewährleistet sein, dass die Wände auch nach deren Dämmung weiter austrocknen können. Hierfür sind Dämmmaterialien geeignet, die Feuchtigkeit nach außen transportieren können.

Dies sind nur ein paar wenige Beispiele von Maßnahmen, die bei einer Sanierung zu Bauschäden führen können. Damit dies nicht passiert, ist es dringend notwendig die Einflussfaktoren beurteilen zu können.

7 Förderungen bei energiesparendem Bauen und Sanieren

Die wichtigsten Förderungen für energieeffizientes Bauen und Sanieren sind die Förderprogramme der Kreditanstalt für Wiederaufbau (KfW) und des Bundesamtes für Wirtschaft und Ausfuhrkontrolle (BAFA). Darüber hinaus gibt es von den Länder und Kommunen noch eigene aufgelegte Förderprogramme, die regional sehr unterschiedlich sind.

Eine der umfangreichsten Datenbanken für Förderangebote in Deutschland für Bauen, Sanieren und Erwerb vom Immobilien wird von „fe.bis“ (fe.bis.de), einem gewerblichen Dienstleister, angeboten. Aber auch die DENA hat eine gut geführte Liste mit aktuellen Förderprogrammen.

Nachfolgend werden die zum Zeitpunkt der Bucherscheinung aktuellen Förderprogramme der KfW- Bank und der BAFA erläutert (August 2009).

7.1 Förderungen durch die KfW-Bank

a) Neubauten:

Programm „Energieeffizientes Bauen“:

Hier wird der Neubau von energieeffizienten Gebäuden gefördert. Die Förderhöhe ist abhängig vom Energiestandard des neu gebauten Gebäudes. Als Kriterium für die Förderung sind immer zwei Grenzwerte zu beachten (siehe auch Tabelle 2),

- einmal der maximal zulässige Transmissionswärmeverlust H_T, der die Wärmeverluste der Gebäudehülle begrenzt,
- und der maximal zulässige Jahres-Primärenergiebedarf Q_P, der den Primärenergiebedarf des Gebäudes begrenzt.

KfW-Effizienzhaus 70:

Über dieses Förderprogramm werden neue Gebäude gefördert, deren

- Jahres-Primärenergiebedarf Q_p und Tränsmissionswärmeverlust H_T maximal 70 % der nach $EnEV_{2009}$ zulässigen Werte beträgt und
- deren Jahres-Primärenergiebedarf von maximal 60 kWh pro m^2 Gebäudenutzfläche A_N nicht überschritten wird.

KfW-Effizienzhaus 55:

Über dieses Förderprogramm werden neue Gebäude gefördert, deren

- Jahres-Primärenergiebedarf Q_p und Tränsmissionswärmeverlust H_T maximal 55 % der nach $EnEV_{2009}$ zulässigen Werte beträgt und
- deren Jahres-Primärenergiebedarf von maximal 40 kWh pro m^2 Gebäudenutzfläche A_N nicht überschritten wird.

Passivhaus:

Gefördert werden in diesem Programm auch Gebäude, deren Jahres-Primärenergiebedarf Q_P und Jahres-Heizwärmebedarf Q_h nach dem

Passivhaus Projektierungspaket (PHPP) oder einem gleichwertigen Verfahren durch einen **Sachverständigen** nachgewiesen werden.

Was wird gefördert:

Gefördert wird die Errichtung, Herstellung oder der Ersterwerb von Wohngebäuden einschließlich Wohn-, Alten- und Pflegeheimen. Außerdem wird die Erweiterung bestehender Gebäude durch abgeschlossene Wohneinheiten sowie die Umwidmung bisher nicht wohnwirtschaftlich genutzter Gebäude bei anschließender Nutzung als Wohngebäude gefördert. Was nicht gefördert wird, sind Ferien- und Wochenendhäuser.

Die Berechnungen müssen von einen Sachverständigen durchgeführt und bestätigt werden.

b) Altbauten

Programm „Energieeffizientes Sanieren":

Das Programm ersetzt das bisherige CO_2-Gebäudesanierungsprogramm sowie die „Öko-Plus"-Maßnahmen im Programm „Wohnraum Modernisieren".

In diesem Programm werden energetische Einzelmaßnahmen, spezielle Maßnahmenpakete oder die Sanierung des Gebäudes auf Neubau-Niveau oder 30 % besser gefördert.

Voraussetzung für die Förderung ist, dass die Gebäude bis zum 31.12.1995 fertiggestellt wurden.

Grundsätzlich können zwei Arten von Förderungen in Anspruch genommen werden, einmal die Inanspruchnahmen von zinsgünstigen Krediten oder eine Zuschussvariante. Die aktuellen Förderhöhen können bei der KfW- Bank angefragt werden.

Sanierung zum KfW-Effizienzhaus 100

Über dieses Förderprogramm werden frei wählbare Maßnahmen gefördert, die das bestehende Gebäude auf den energetischen Standard von Neubauten nach EnEV 2009 bringen.

Sanierung zum KfW-Effizienzhaus 70

Über dieses Förderprogramm werden frei wählbare Maßnahmen gefördert, die das bestehende Gebäude auf einen energetischen Standard bringen, der 30 % besser ist, als die Anforderungen an Neubauten nach EnEV 2009.

Förderung von Einzelmaßnahmen

Gefördert werden folgende Maßnahmen;

- Wärmedämmung der Außenwände
- Wärmedämmung des Daches und/oder der obersten Geschossdecke
- Wärmedämmung der Kellerdecke oder von Wänden zwischen beheizten und unbeheizten Räumen und von erdberührten Außenflächen beheizter Räume
- Austausch der Fenster
- Einbau einer Lüftungsanlage
- Austausch der Heizung einschließlich einer hocheffizienten Umwälzpumpe

Umfang der Förderung

Bei Inanspruchnahme von zinsgünstigen Darlehen wird die Sanierung zum KfW- Effizienshaus mit maximal 75.000 Euro je Wohneinheit und die Förderung von Einzelmaßnahmen mit maximal 50.000 Euro gefördert.

Sonderförderung

Im Rahmen des Programms „Energieeffizient Sanieren" werden Zuschüsse zur Förderung spezieller Maßnahmen zur Minderung des CO_2-Ausstoßes von bestehenden Wohngebäuden gewährt. Diese Maßnahmen umfassen:

- Qualifizierte Baubegleitung während der Sanierungsphase durch einen Sachverständigen. Die Baubegleitung wird mit 50% der förderfähigen Beratungs-, Planungs- und Baubegleitungskosten, max. jedoch mit 2.000 € pro Wohneinheit gefördert (nur bei Sanierung zum Effizienzhaus).
- Austausch von Nachtstromspeicherheizungen
- Optimierung der Wärmeverteilung im Rahmen bestehender Heizungsanlagen

Voraussetzung für die Fördermittelgewährung

Die Maßnahmen müssen von einem Fachunternehmen durchgeführt werden.

Beachte:

Die Anträge für die Förderung müssen vor Beginn der Maßnahme über die Hausbank beantragt werden.

7.2 Förderungen durch die BAFA

Über das „Marktanreizprogramm (MAP) Erneuerbare Energien“ werden über ein Zuschussprogramm Solarkollektoren, Wärmepumpen und Biomasseanlagen von der BAFA gefördert. Das Programm wird ergänzt durch weitere Zuschüsse für begleitende Maßnahmen.

Richtlinie zur Förderung von Maßnahmen zur Nutzung erneuerbarer Energien im Wärmemarkt vom Juni 2009.

Zu Beachten:

Die Anträge sind nach Herstellung der Betriebsbereitschaft zu stellen.

Solarkollektoren:

Es werden Anlagen gefördert

- zur Warmwasserbereitung
- zur Raumheizung
- zur kombinierten Warmwasserbereitung und Raumheizung
- zur Bereitstellung von Prozesswärme und
- zur solaren Kälteerzeugung

Basisförderung:

Bei einer Fläche bis 40 m² Bruttokollektorfläche (Erstinstallation):

a) Nur zur Warmwasserbereitung:

Altbau **60 €/m² min. 410,00 €**

Neubau **45 €/m² min. 307,50 €**

b) Kombinierte Warmwasserbereitung und Heizungsunterstützung

Altbau **105 €/m²**

Neubau **78,75 €/m²**

Bei Ein- und Zweifamilienhäusern mit mehr als 40 m² Bruttokollektorfläche für jeden m² über 40 m²

Altbau: **45 €/m²**

Neubau: **33,75 €/m²**

Voraussetzung:

Pufferspeichervolumen von mindestens 100 Liter je m² Bruttokollektorfläche

c) bei Erweiterungen bereits in Betrieb genommener Solarkollektoranlagen **45 €/m²** zusätzlicher Kollektorfläche

Bonusförderung:

a) Solaranlage zur Brauchwasserunterstützung:

Bei Austausch eines Niedertemperaturkessels gegen einen Brennwertkessel gibt es zusätzlich **375 €**.

Bei Austausch eines Niedertemperaturkessels gegen einen förderfähigen Biomassekessel oder eine förderfähige Wärmepumpe gibt es zusätzlich **750 €**.

b) Solaranlage zur kombinierten Warmwasserbereitung und Heizungsunterstützung:

Bei Austausch eines Niedertemperaturkessels gegen einen Brennwertkessel, Biomassekessel oder eine Wärmepumpe gibt es zusätzlich **750 €**.

Effizienzbonus

Wird durch die Sanierung der EnEV-Standard für Neubauten erreicht und wurde für das Gebäude eine Baugenehmigung bis 1995 eingereicht, so werden bei der Errichtung von Solaranlagen zur kombinierten Warmwasserbereitung und Heizungsunterstützung das **1,5-fache** der Basisförderung gewährt. Gebäude, deren Baugenehmigung nach 1995 eingereicht wurde, müssen für diese Förderung das EnEV-Niveau um 30 % unterschreiten.

Wird durch die Sanierung der EnEV-Standard für Neubauten um 30 % unterschritten und wurde für das Gebäude eine Baugenehmigung bis 1995 eingereicht, so werden bei der Errichtung von Solaranlagen zur kombinierten Warmwasserbereitung und Heizungsunterstützung das **2-fache** der Basisförderung gewährt. Gebäude, deren Baugenehmigung nach 1995 eingereicht wurde, müssen für dies Förderung das EnEV-Niveau um 45 % unterschreiten.

Für besonders effiziente Solarkollektorpumpen in permanent erregter EC-Motor Bauweise gibt es zusätzlich **50 €**.

Für besonders effiziente Umwälzpumpen, die die freiwilligen Energielabels der Klasse A der Pumpenhersteller erfüllen, gibt es nochmals **200 €**. Diese müssen Bestandteil eines hydraulisch und regeltechnisch optimierten Heizungssystems sein.

Voraussetzung für die Förderung von Solaranlagen:

- die Anlagen müssen mit einem geeigneten Funktionskontrollgerät bzw. einem Wärmemengenzähler ausgestattet sein.
- sie müssen mit dem europäischen Prüfzeichen „Solar Keymark" in der Fassung Version 8.00 – Januar 2003 ausgestattet sein

- sie müssen einen jährlichen Kollektorertrag von mindestens Q_{kol} 525 kWh/m² erbringen (laut Datenblatt)

Anforderung an den Pufferspeicher bezüglich seines Wärmespeichervolumens und an die Kollekorfläche:

- 40 Liter je m² Kollektorfläche bei Flachkollektoren und mind. 9 m² Kollektorfläche
- 50 Liter je m² Kollektorfläche bei Vakuumröhrenkollektoren und mind. 7 m² Kollektorfläche

Biomasseanlagen:

Basisförderung

Die Errichtung automatisch beschickter Anlagen mit Leistungs- und Feuerungsregelung sowie automatischer Zündung mit einer installierten Nennwärmeleistung zwischen 5 kW und 100 kW werden wie folgt gefördert:

Pelletöfen (Raumofen luftgeführt)

Altbau: **500 €** (höchstens 20 % der Nettoinvestitionskosten)
Neubau: **750 €** (höchstens 20 % der Nettoinvestitionskosten)

Pelletöfen mit Wassertasche

Altbau: 36 €/kW mind. **1.000 €**
Neubau: 27 €/kW mind. **750 €**

Pelletkessel

Altbau: 36 €/kW mind. **2.000 €**
Neubau: 27 €/kW mind. **1.500 €**

Pelletkessel mit neu errichtetem Pufferspeicher mit einem Mindestspeichervolumen von 30 l/KW

Altbau: 36 €/kW mind. **2.500 €**
Neubau: 27 €/kW mind. **1.875 €**

Holzhackschnitzelheizung (Wasserspeicher mindestens 30 l/kW)

Altbau: pauschal **1.000 € je Anlage**
Neubau: pauschal **750 € je Anlage**

Scheitholzvergaserkessel mit einem Pufferspeicher von mind. 55 l/kW (Nennwärmeleistung von 15 kW bis max. 50 kW)

Altbau: pauschal **1.125,00 € je Anlage**
Neubau: pauschal **843,75 € je Anlage**

Bonusförderung:

Siehe Solaranlagen.

Effizienzbonus

Wird durch die Sanierung der EnEV-Standard für Neubauten erreicht und wurde für das Gebäude eine Baugenehmigung bis 1995 eingereicht, so werden bei der Errichtung von Solaranlagen zur kombinierten Warmwasserbereitung und Heizungsunterstützung das **1,5-fache** der Basisförderung gewährt. Gebäude, deren Baugenehmigung nach 1995 eingereicht wurde, müssen für diese Förderung das EnEV-Niveau um 30 % unterschreiten.

Wird durch die Sanierung der EnEV-Standard für Neubauten um 30 % unterschritten und wurde für das Gebäude eine Baugenehmigung bis 1995 eingereicht so werden bei der Errichtung von Solaranlagen zur kombinierten Warmwasserbereitung und Heizungsunterstützung das **2-fache** der Basisförderung gewährt. Gebäude, deren Baugenehmigung nach 1995 eingereicht wurde, müssen für diese Förderung das EnEV-Niveau um 45 % unterschreiten.

Für besonders effiziente Umwälzpumpen, die die freiwilligen Energielabels der Klasse A der Pumpenhersteller erfüllen, gibt es nochmals **200 €**. Diese müssen Bestandteil eines hydraulisch und regeltechnisch optimierten Heizungssystems sein.

Innovationsförderung

Besonders gefördert werden Brennwertkessel und Anlagen zur sekundären Abscheidung der im Abgas enthaltenen Partikel. Die Förderung beträgt für jede ausgerüstete Biomasseanlage pauschal **500 €**.

Voraussetzung für die Förderung von Biomasseanlagen:

- sie müssen die Anforderungen an die Emissionsgrenzwerte einhalten
- Nennwärmeleistung zwischen 5 KW und 100 KW

Wärmepumpen

Basisförderung

Wasser/Wasser oder Sole/Wasser-Wärmepumpen:

Altbau:	**20 €/m²** Wohnfläche max. **3.000 €** (max. 15 % der Nettoinvestitionskosten)
Neubau (nach 31.12.2008):	**7,50 €/m²** Wohnfläche max. **1.500 €** (max. 7,5 % der Nettoinvestitionskosten)

Luft/Wasser-Wärmepumpen:

Altbau:	**10 €/m²** Wohnfläche max. **1.500 €** (max. 10 % der Nettoinvestitionskosten)
Neubau (bis 31.12.2008):	**3,75 €/m²** Wohnfläche max. **637,50 €** (max. 7,5 % der Nettoinvestitionskosten)

Bonusförderung:
Siehe Solaranlagen

Effizienzbonus

Wird durch die Sanierung der EnEV-Standard für Neubauten erreicht und wurde für das Gebäude eine Baugenehmigung bis 1995 eingereicht, so werden bei der Errichtung von Solaranlagen zur kombinierten Warmwasserbereitung und Heizungsunterstützung das **1,5-fache** der Basisförderung gewährt. Gebäude, deren Baugenehmigung nach 1995 eingereicht wurde, müssen für diese Förderung das EnEV-Niveau um 30 % unterschreiten.

Wird durch die Sanierung der EnEV-Standard für Neubauten um 30 % unterschritten und wurde für das Gebäude eine Baugenehmigung bis 1995 eingereicht, so werden bei der Errichtung von Solaranlagen zur kombinierten Warmwasserbereitung und Heizungsunterstützung das **2-fache** der Basisförderung gewährt. Gebäude, deren Baugenehmigung nach 1995 eingereicht wurde, müssen für diese Förderung das EnEV-Niveau um 45 % unterschreiten.

Für besonders effiziente Umwälzpumpen, die die freiwilligen Energielabels der Klasse A der Pumpenhersteller erfüllen, gibt es nochmals **200 €**. Diese müssen Bestandteil eines hydraulisch und regeltechnisch optimierten Heizungssystems sein.

Voraussetzung für die Förderung

- Einbau eines Strom- und Wärmemengenzählers zur Bestimmung der Jahresarbeitszahl nach VDI 4650
- Vorliegen einer Fachunternehmererklärung, dass
- die Jahresarbeitszahl mindestens 4,0 im Neubau und 3,7 im Gebäudebestand beträgt
- bei Luft/Wasserwärmepumpen mindestens 3,5 im Neubau und 3,3 im Gebäudebestand beträgt
- ein hydraulischer Abgleich der Heizungsanlage durchgeführt wurde

Bitte Beachten:

Die Förderungen können sich jederzeit ändern. Bitte informieren Sie sich vorher immer noch einmal bei Ihrer Bank über die aktuellen Stand der möglichen Förderungen.

8 Fortbildungsmöglichkeiten

Es gibt eine Vielzahl von Möglichkeiten, sich auf dem Gebiet Wärmeschutz und Energieberatung fortzubilden. Handwerks-, Architekten- und Ingenieurkammern sowie diverse andere Verbände bieten diesbezüglich ein umfangreiches Fortbildungsangebot an. Es sollte aber darauf geachtet werden, dass die Fortbildung den gewünschten Anforderungen entspricht.

Wenn die Ausbildung zur Berechtigung der Ausstellung von Energieausweisen für bestehende Wohngebäude führen soll, muss diese nach EnEV Anhang 11 folgende Inhalte aufweisen:

a) Bestandsaufnahme und Dokumentation des Gebäudes, der Baukonstruktion und der technischen Anlagen
b) Beurteilung der Gebäudehülle
c) Beurteilung von Heizungs- und Warmwasserbereitungsanlagen
d) Beurteilung von Lüftungs- und Klimaanlagen
e) Erbringen der Nachweise
f) Grundlagen der Beurteilung von Modernisierungsempfehlungen einschließlich ihrer technischen Machbarkeit und Wirtschaftlichkeit.

Für die Ausstellung von Energieausweisen für Nichtwohngebäude müssen zusätzlich noch folgende Inhalte vermittelt werden:

a)–c) wie Wohngebäude, nur mit den notwendigen Kenntnissen für Nichtwohngebäude
d) Beurteilung von raumlufttechnischen Anlagen und sonstigen Anlagen zur Kühlung
e) Beurteilung von Beleuchtungs- und Belichtungssystemen
f) Erbringung der Nachweise
g) Grundlagen der Beurteilung von Modernisierungsempfehlungen einschließlich ihrer technischen Machbarkeit und Wirtschaftlichkeit.

Wenn eine Ausbildung zum staatlich geprüften Energieberater angestrebt wird, muss die Fortbildung von der BAFA anerkannt sein.

Das Buch „Wärmeschutz und Energiebedarf nach EnEV 2009" Volland-Volland beinhaltet weitgehend alle Inhalte, die nach EnEV für Wohngebäude gefordert werden.

9 Rechenprogramme

Es gibt eine Vielzahl von Programmen auf dem Markt, die sich bezüglich ihres Leistungsumfangs, Anschaffungskosten und Bedienerfreundlichkeit erheblich unterscheiden. Im Internet gibt es diverse Seiten (z. B. DENA, BAFA), in denen verschiedene Softwareanbieter gelistet und getestet wurden. Man sollte sich vor dem Kauf auf jeden Fall ausführlich erkundigen und verschiedene Programme testen. Hierfür stellen die Softwarehersteller Testversionen zur Verfügung.

Grundsätzlich ist zwischen EnEV-Software und Energieberater-Software zu unterscheiden. EnEV-Software rechnet strikt nach den Vorgaben der EnEV. Hier dürfen keine anderen Parameter eingestellt werden können, als nach EnEV zulässig.

Energieberater-Software unterscheidet sich von reiner EnEV-Software bezüglich der Einstellung der Klimadaten und des spezifischen Nutzerverhaltens. Hier müssen alle Parameter, die dieses Nutzerverhalten betreffen, frei einstellbar sein. Es muss ein rechnerisch vorhandener Ist-Zustand ermittelt werden können, der an den tatsächlichen Verbrauch angepasst werden kann. Nach Eingabe von Modernisierungsmaßnahmen müssen die Ergebnisse mit dem Energieverbrauch des Ist-Zustandes verglichen werden können. Dieser Vergleich dient als Maßstab für Verbesserungsvarianten. Mit einer Energieberater-Software müssen aber auch ein Nachweis nach EnEV und der dazugehörige Energieausweis erstellt werden können.

Hauptmerkmale einer Energieberatersoftware:

- realitätsnahe Abbildung von Gebäuden
- detaillierte Eingabe des Nutzerprofils
- detaillierte Eingabe von Sanierungsmaßnahmen und deren Auswertung
- individuelle Eingabe der Heizungsanlagendaten und die Möglichkeit der Erfassung von mehreren verschiedenen Heizungsanlagen
- Wirtschaftlichkeitsbetrachtungen
- Heizlastberechnung
- mögliche Auswertung der Daten zu einem ausführlichen Energieberaterbericht

- leichte Nachvollziehbarkeit der eingegebenen Daten und übersichtliche Darstellung der Ergebnisse
- EnEV-Nachweis mit Erstellung des Energieausweises
- Nachweis des sommerlichen Wärmeschutzes.

Nützliche Zusatzmodule:

- Feuchteschutznachweis
- Wärmebrückenberechnung
- Datenerfassungsbogen
- Optimierungsmöglichkeiten für Wärmeschutzmaßnahmen
- Baustoff- und Bauteilbibliothek mit typischen Bauteilschichten verschiedener Baujahre des letzten Jahrhunderts.

Diese Punkte wurden weitgehend in der Energieberatersoftware ENGP-bautop berücksichtigt, welche in Ergänzung mit dem Buch „Wärmeschutz und Energiebedarf nach EnEV, Volland/Volland" auf der Profi-CD über den Müller-Verlag bezogen werden kann.

10 DIN-Normen

DIN 277-1:2005-02	Grundflächen und Rauminhalte von Bauwerken im Hochbau – Teil 1: Begriffe, Ermittlungsgrundlagen
DIN 1053-1:1996-11	Mauerwerk – Teil 1: Berechnung und Ausführung
DIN 4108-2:2003-07	Wärmeschutz und Energie-Einsparung in Gebäuden – Teil 2: Mindestanforderungen an den Wärmeschutz
DIN 4108-3:2001-07	Wärmeschutz und Energie-Einsparung in Gebäuden – Teil 3: Klimabedingter Feuchteschutz, Anforderungen, Berechnungsverfahren und Hinweise für Planung und Ausführung
DIN 4108-3:2002-04	Berichtigungen zur Ausgabe von 2001-7
DIN V 4108-4:2007-06	Wärmeschutz und Energie-Einsparung in Gebäuden – Teil 4: Wärme- und feuchteschutztechnische Bemessungswerte
DIN V 4108-6:2003-06	Wärmeschutz und Energie-Einsparung in Gebäuden – Teil 6: Berechnung des Jahres-Heizwärme- und des Jahres-Heizenergiebedarfs
DIN V 4108-6:2004-03	Berichtigungen zur Ausgabe von 2003-6

DIN 4108:2006-03 Beiblatt 2	Wärmeschutz und Energie-Einsparung in Gebäuden – Wärmebrücken – Planungs- und Ausführungsbeispiele
DIN 4108-7:2001-08	Wärmeschutz und Energie-Einsparung in Gebäuden – Teil 7: Luftdichtheit von Gebäuden, Anforderungen, Planungs- und Ausführungsempfehlungen sowie Beispiele
Norm-Entwurf DIN 4108-1: 2009-01	Wärmeschutz und Energie-Einsparung in Gebäuden – Teil 7: Luftdichtheit von Gebäuden, Anforderungen, Planungs- und Ausführungsempfehlungen sowie Beispiele
DIN V 4701-10/A1:2006-12	Energetische Bewertung heiz- und raumlufttechnischer Anlagen – Teil 10: Heizung, Trinkwassererwärmung, Lüftung
DIN 4701-12:2004-02	Energetische Bewertung heiz- und raumlufttechnischer Anlagen im Bestand
DIN V 18 599-1 bis 10:2007-04	Energetische Bewertung von Gebäuden – Berechnung des Nutz-, End- und Primärenergiebedarfs für Heizung, Kühlung, Lüftung, Trinkwasser und Beleuchtung
DIN EN 12 207:2000-06	Fenster und Türen – Luftdurchlässigkeit – Klassifizierung; Deutsche Fassung EN 12 207:1999
DIN EN 12 524:2000-07	Baustoffe und -produkte – Wärme- und feuchteschutztechnische Eigenschaften – Tabellierte Bemessungswerte
DIN EN 13 162 bis 13 171	Wärmedämmstoffe für Gebäude
DIN EN 13 829:2001-02	Wärmetechnisches Verhalten von Gebäuden – Bestimmung der Luftdurchlässigkeit von Gebäuden – Differenzdruckverfahren
DIN EN ISO 6946:2008-04	Bauteile – Wärmedurchlasswiderstand und Wärmedurchgangskoeffizient – Berechnungsverfahren
DIN EN ISO 10 077-1:2006-12	Wärmetechnisches Verhalten von Fenstern, Türen und Abschlüssen – Berechnung des Wärmedurchgangskoeffizienten – Teil 1: Vereinfachtes Verfahren
DIN EN ISO 10 077-2:2008-08	Wärmetechnisches Verhalten von Fenstern, Türen und Abschlüssen – Berechnung des Wärmedurchgangskoeffizienten – Teil 2: Numerisches Verfahren für Rahmen

DIN EN ISO 10 211:2008-04	Wärmebrücken im Hochbau – Wärmeströme und Oberflächentemperaturen – Detaillierte Berechnungen
DIN EN ISO 13 370:2008-04	Wärmetechnisches Verhalten von Gebäuden – Wärmeübertragung über das Erdreich – Berechnungsverfahren
DIN EN ISO 13 789:2008-04	Wärmetechnisches Verhalten von Gebäuden; Spezifischer Transmissions- und Lüftungswärmedurchgangskoeffizient – Berechnungsverfahren

B
Texte

1.

Verordnung über energiesparenden Wärmeschutz und energiesparende Anlagentechnik bei Gebäuden (Energieeinsparverordnung – EnEV)[1]

vom 24.7.2007 (BGBl. I S. 1519),
geändert durch V vom 29.4.2009 (BGBl. I S. 954)

Auf Grund des § 1 Abs. 2, des § 2 Abs. 2 und 3, des § 3 Abs. 2, des § 4, jeweils in Verbindung mit § 5, sowie des § 5a Satz 1 und 2 des Energieeinsparungsgesetzes in der Fassung der Bekanntmachung vom 1. September 2005 (BGBl. I S. 2684) verordnet die Bundesregierung:

Inhaltsübersicht

ABSCHNITT 1
Allgemeine Vorschriften

§ 1 Anwendungsbereich
§ 2 Begriffsbestimmungen

ABSCHNITT 2
Zu errichtende Gebäude

§ 3 Anforderungen an Wohngebäude
§ 4 Anforderungen an Nichtwohngebäude
§ 5 Anrechnung von Strom aus erneuerbaren Energien
§ 6 Dichtheit, Mindestluftwechsel
§ 7 Mindestwärmeschutz, Wärmebrücken
§ 8 Anforderungen an kleine Gebäude und Gebäude aus Raumzellen

---

1) Die §§ 1 bis 5, 8, 9, 11 Abs. 3, §§ 12, 15 bis 22, § 24 Abs. 1, §§ 26, 27 und 29 dienen der Umsetzung der Richtlinie 2002/91/EG des Europäischen Parlaments und des Rates vom 16. Dezember 2002 über die Gesamtenergieeffizienz von Gebäuden (ABl. EG Nr. L 1 S. 65). § 13 Abs. 1 bis 3 und § 27 dienen der Umsetzung der Richtlinie 92/42/EWG des Rates vom 21. Mai 1992 über die Wirkungsgrade von mit flüssigen oder gasförmigen Brennstoffen beschickten neuen Warmwasserheizkesseln (ABl. EG Nr. L 167 S. 17, L 195 S. 32), zuletzt geändert durch die Richtlinie 2005/32/EG des Europäischen Parlaments und des Rates vom 6. Juli 2005 (ABl. EU Nr. L 191 S. 29).

ABSCHNITT 3
Bestehende Gebäude und Anlagen

§ 9 Änderung, Erweiterung und Ausbau von Gebäuden
§ 10 Nachrüstung bei Anlagen und Gebäuden
§ 10a Außerbetriebnahme von elektrischen Speicherheizsystemen
§ 11 Aufrechterhaltung der energetischen Qualität
§ 12 Energetische Inspektion von Klimaanlagen

ABSCHNITT 4
Anlagen der Heizungs-, Kühl- und Raumlufttechnik sowie der Warmwasserversorgung

§ 13 Inbetriebnahme von Heizkesseln und sonstigen Wärmeerzeugersystemen
§ 14 Verteilungseinrichtungen und Warmwasseranlagen
§ 15 Klimaanlagen und sonstige Anlagen der Raumlufttechnik

ABSCHNITT 5
Energieausweise und Empfehlungen für die Verbesserung der Energieeffizienz

§ 16 Ausstellung und Verwendung von Energieausweisen
§ 17 Grundsätze des Energieausweises
§ 18 Ausstellung auf der Grundlage des Energiebedarfs
§ 19 Ausstellung auf der Grundlage des Energieverbrauchs
§ 20 Empfehlungen für die Verbesserung der Energieeffizienz
§ 21 Ausstellungsberechtigung für bestehende Gebäude

ABSCHNITT 6
Gemeinsame Vorschriften, Ordnungswidrigkeiten

§ 22 Gemischt genutzte Gebäude
§ 23 Regeln der Technik
§ 24 Ausnahmen
§ 25 Befreiungen
§ 26 Verantwortliche
§ 26a Private Nachweise
§ 26b Aufgaben des Bezirksschornsteinfegermeisters
§ 27 Ordnungswidrigkeiten

ABSCHNITT 7
Schlussvorschriften

§ 28 Allgemeine Übergangsvorschriften
§ 29 Übergangsvorschriften für Energieausweise und Aussteller
§ 30 – *aufgehoben* –
§ 31 Inkrafttreten, Außerkrafttreten
Anlage 1 Anforderungen an Wohngebäude
Anlage 2 Anforderungen an Nichtwohngebäude
Anlage 3 Anforderungen bei Änderung von Außenbauteilen und bei Errichtung kleiner Gebäude; Randbedingungen und Maßgaben für die Bewertung bestehender Wohngebäude
Anlage 4 Anforderungen an die Dichtheit und den Mindestluftwechsel
Anlage 4a Anforderungen an die Inbetriebnahme von Heizkesseln und sonstigen Wärmeerzeugersystemen
Anlage 5 Anforderungen an die Wärmedämmung von Rohrleitungen und Armaturen
Anlage 6 Muster Energieausweis Wohngebäude
Anlage 7 Muster Energieausweis Nichtwohngebäude
Anlage 8 Muster Aushang Energieausweis auf der Grundlage des Energiebedarfs
Anlage 9 Muster Aushang Energieausweis auf der Grundlage des Energieverbrauchs
Anlage 10 Muster Modernisierungsempfehlungen
Anlage 11 Anforderungen an die Inhalte der Fortbildung

ABSCHNITT 1
Allgemeine Vorschriften

§ 1
Anwendungsbereich

(1) Diese Verordnung gilt

1. für Gebäude, soweit sie unter Einsatz von Energie beheizt oder gekühlt werden, und
2. für Anlagen und Einrichtungen der Heizungs-, Kühl-, Raumluft- und Beleuchtungstechnik sowie der Warmwasserversorgung von Gebäuden nach Nummer 1.

Der Energieeinsatz für Produktionsprozesse in Gebäuden ist nicht Gegenstand dieser Verordnung.

(2) Mit Ausnahme der §§ 12 und 13 gilt diese Verordnung nicht für

1. Betriebsgebäude, die überwiegend zur Aufzucht oder zur Haltung von Tieren genutzt werden,
2. Betriebsgebäude, soweit sie nach ihrem Verwendungszweck großflächig und lang anhaltend offen gehalten werden müssen,
3. unterirdische Bauten,
4. Unterglasanlagen und Kulturräume für Aufzucht, Vermehrung und Verkauf von Pflanzen,
5. Traglufthallen und Zelte,
6. Gebäude, die dazu bestimmt sind, wiederholt aufgestellt und zerlegt zu werden, und provisorische Gebäude mit einer geplanten Nutzungsdauer von bis zu zwei Jahren,
7. Gebäude, die dem Gottesdienst oder anderen religiösen Zwecken gewidmet sind,
8. Wohngebäude, die für eine Nutzungsdauer von weniger als vier Monaten jährlich bestimmt sind, und
9. sonstige handwerkliche, landwirtschaftliche, gewerbliche und industrielle Betriebsgebäude, die nach ihrer Zweckbestimmung auf eine Innentemperatur von weniger als 12 Grad Celsius oder jährlich weniger als vier Monate beheizt sowie jährlich weniger als zwei Monate gekühlt werden.

Auf Bestandteile von Anlagensystemen, die sich nicht im räumlichen Zusammenhang mit Gebäuden nach Absatz 1 Satz 1 Nr. 1 befinden, ist nur § 13 anzuwenden.

§ 2
Begriffsbestimmungen

Im Sinne dieser Verordnung

1. sind Wohngebäude Gebäude, die nach ihrer Zweckbestimmung überwiegend dem Wohnen dienen, einschließlich Wohn-, Alten- und Pflegeheimen sowie ähnlichen Einrichtungen,
2. sind Nichtwohngebäude Gebäude, die nicht unter Nummer 1 fallen,
3. sind kleine Gebäude Gebäude mit nicht mehr als 50 Quadratmetern Nutzfläche,

3a. sind Baudenkmäler nach Landesrecht geschützte Gebäude oder Gebäudemehrheiten,

4. sind beheizte Räume solche Räume, die auf Grund bestimmungsgemäßer Nutzung direkt oder durch Raumverbund beheizt werden,
5. sind gekühlte Räume solche Räume, die auf Grund bestimmungsgemäßer Nutzung direkt oder durch Raumverbund gekühlt werden,
6. sind erneuerbare Energien solare Strahlungsenergie, Umweltwärme, Geothermie, Wasserkraft, Windenergie und Energie aus Biomasse,
7. ist ein Heizkessel der aus Kessel und Brenner bestehende Wärmeerzeuger, der zur Übertragung der durch die Verbrennung freigesetzten Wärme an den Wärmeträger Wasser dient,
8. sind Geräte der mit einem Brenner auszurüstende Kessel und der zur Ausrüstung eines Kessels bestimmte Brenner,
9. ist die Nennleistung die vom Hersteller festgelegte und im Dauerbetrieb unter Beachtung des vom Hersteller angegebenen Wirkungsgrades als einhaltbar garantierte größte Wärme- oder Kälteleistung in Kilowatt,
10. ist ein Niedertemperatur-Heizkessel ein Heizkessel, der kontinuierlich mit einer Eintrittstemperatur von 35 bis 40 Grad Celsius betrieben werden kann und in dem es unter bestimmten Umständen zur Kondensation des in den Abgasen enthaltenen Wasserdampfes kommen kann,
11. ist ein Brennwertkessel ein Heizkessel, der für die Kondensation eines Großteils des in den Abgasen enthaltenen Wasserdampfes konstruiert ist,

11a. sind elektrische Speicherheizsysteme Heizsysteme mit vom Energielieferanten unterbrechbarem Strombezug, die nur in den Zeiten außerhalb des unterbrochenen Betriebes durch eine Widerstandsheizung Wärme in einem geeigneten Speichermedium speichern,

12. ist die Wohnfläche die nach der Wohnflächenverordnung oder auf der Grundlage anderer Rechtsvorschriften oder anerkannter Regeln der Technik zur Berechnung von Wohnflächen ermittelte Fläche,
13. ist die Nutzfläche die Nutzfläche nach anerkannten Regeln der Technik, die beheizt oder gekühlt wird,
14. ist die Gebäudenutzfläche die nach Anlage 1 Nummer 1.3.3 berechnete Fläche,

15. ist die Nettogrundfläche die Nettogrundfläche nach anerkannten Regeln der Technik, die beheizt oder gekühlt wird.

ABSCHNITT 2
Zu errichtende Gebäude

§ 3
Anforderungen an Wohngebäude

(1) Zu errichtende Wohngebäude sind so auszuführen, dass der Jahres-Primärenergiebedarf für Heizung, Warmwasserbereitung, Lüftung und Kühlung den Wert des Jahres-Primärenergiebedarfs eines Referenzgebäudes gleicher Geometrie, Gebäudenutzfläche und Ausrichtung mit der in Anlage 1 Tabelle 1 angegebenen technischen Referenzausführung nicht überschreitet.

(2) Zu errichtende Wohngebäude sind so auszuführen, dass die Höchstwerte des spezifischen, auf die wärmeübertragende Umfassungsfläche bezogenen Transmissionswärmeverlusts nach Anlage 1 Tabelle 2 nicht überschritten werden.

(3) Für das zu errichtende Wohngebäude und das Referenzgebäude ist der Jahres-Primärenergiebedarf nach einem der in Anlage 1 Nummer 2 genannten Verfahren zu berechnen. Das zu errichtende Wohngebäude und das Referenzgebäude sind mit demselben Verfahren zu berechnen.

(4) Zu errichtende Wohngebäude sind so auszuführen, dass die Anforderungen an den sommerlichen Wärmeschutz nach Anlage 1 Nummer 3 eingehalten werden.

§ 4
Anforderungen an Nichtwohngebäude

(1) Zu errichtende Nichtwohngebäude sind so auszuführen, dass der Jahres-Primärenergiebedarf für Heizung, Warmwasserbereitung, Lüftung, Kühlung und eingebaute Beleuchtung den Wert des Jahres-Primärenergiebedarfs eines Referenzgebäudes gleicher Geometrie, Nettogrundfläche, Ausrichtung und Nutzung einschließlich der Anordnung der Nutzungseinheiten mit der in Anlage 2 Tabelle 1 angegebenen technischen Referenzausführung nicht überschreitet.

(2) Zu errichtende Nichtwohngebäude sind so auszuführen, dass die Höchstwerte der mittleren Wärmedurchgangskoeffizienten der

wärmeübertragenden Umfassungsfläche nach Anlage 2 Tabelle 2 nicht überschritten werden.

(3) Für das zu errichtende Nichtwohngebäude und das Referenzgebäude ist der Jahres-Primärenergiebedarf nach einem der in Anlage 2 Nummer 2 oder 3 genannten Verfahren zu berechnen. Das zu errichtende Nichtwohngebäude und das Referenzgebäude sind mit demselben Verfahren zu berechnen.

(4) Zu errichtende Nichtwohngebäude sind so auszuführen, dass die Anforderungen an den sommerlichen Wärmeschutz nach Anlage 2 Nummer 4 eingehalten werden.

§ 5
Anrechnung von Strom aus erneuerbaren Energien

Wird in zu errichtenden Gebäuden Strom aus erneuerbaren Energien eingesetzt, darf der Strom in den Berechnungen nach § 3 Absatz 3 und § 4 Absatz 3 von dem Endenergiebedarf abgezogen werden, wenn er

1. im unmittelbaren räumlichen Zusammenhang zu dem Gebäude erzeugt und
2. vorrangig in dem Gebäude selbst genutzt und nur die überschüssige Energiemenge in ein öffentliches Netz eingespeist

wird. Es darf höchstens die Strommenge nach Satz 1 angerechnet werden, die dem berechneten Strombedarf der jeweiligen Nutzung entspricht.

§ 6
Dichtheit, Mindestluftwechsel

(1) Zu errichtende Gebäude sind so auszuführen, dass die wärmeübertragende Umfassungsfläche einschließlich der Fugen dauerhaft luftundurchlässig entsprechend den anerkannten Regeln der Technik abgedichtet ist. Die Fugendurchlässigkeit außen liegender Fenster, Fenstertüren und Dachflächenfenster muss den Anforderungen nach Anlage 4 Nr. 1 genügen. Wird die Dichtheit nach den Sätzen 1 und 2 überprüft, kann der Nachweis der Luftdichtheit bei der nach § 3 Absatz 3 und § 4 Absatz 3 erforderlichen Berechnung berücksichtigt werden, wenn die Anforderungen nach Anlage 4 Nummer 2 eingehalten sind.

(2) Zu errichtende Gebäude sind so auszuführen, dass der zum Zwecke der Gesundheit und Beheizung erforderliche Mindestluftwechsel sichergestellt ist.

§ 7
Mindestwärmeschutz, Wärmebrücken

(1) Bei zu errichtenden Gebäuden sind Bauteile, die gegen die Außenluft, das Erdreich oder Gebäudeteile mit wesentlich niedrigeren Innentemperaturen abgrenzen, so auszuführen, dass die Anforderungen des Mindestwärmeschutzes nach den anerkannten Regeln der Technik eingehalten werden. Ist bei zu errichtenden Gebäuden die Nachbarbebauung bei aneinandergereihter Bebauung nicht gesichert, müssen die Gebäudetrennwände den Mindestwärmeschutz nach Satz 1 einhalten.

(2) Zu errichtende Gebäude sind so auszuführen, dass der Einfluss konstruktiver Wärmebrücken auf den Jahres-Heizwärmebedarf nach den anerkannten Regeln der Technik und den im jeweiligen Einzelfall wirtschaftlich vertretbaren Maßnahmen so gering wie möglich gehalten wird.

(3) Der verbleibende Einfluss der Wärmebrücken bei der Ermittlung des Jahres-Primärenergiebedarfs ist nach Maßgabe des jeweils angewendeten Berechnungsverfahrens zu berücksichtigen. Soweit dabei Gleichwertigkeitsnachweise zu führen wären, ist dies für solche Wärmebrücken nicht erforderlich, bei denen die angrenzenden Bauteile kleinere Wärmedurchgangskoeffizienten aufweisen, als in den Musterlösungen der DIN 4108 Beiblatt 2:2006-03 zugrunde gelegt sind.

§ 8
Anforderungen an kleine Gebäude und Gebäude aus Raumzellen

Werden bei zu errichtenden kleinen Gebäuden die in Anlage 3 genannten Werte der Wärmedurchgangskoeffizienten der Außenbauteile eingehalten, gelten die übrigen Anforderungen dieses Abschnitts als erfüllt. Satz 1 ist auf Gebäude entsprechend anzuwenden, die für eine Nutzungsdauer von höchstens fünf Jahren bestimmt und aus Raumzellen von jeweils bis zu 50 Quadratmetern Nutzfläche zusammengesetzt sind.

ABSCHNITT 3
Bestehende Gebäude und Anlagen

§ 9
Änderung, Erweiterung und Ausbau von Gebäuden

(1) Änderungen im Sinne der Anlage 3 Nummer 1 bis 6 bei beheizten oder gekühlten Räumen von Gebäuden sind so auszuführen, dass

die in Anlage 3 festgelegten Wärmedurchgangskoeffizienten der betroffenen Außenbauteile nicht überschritten werden. Die Anforderungen des Satzes 1 gelten als erfüllt, wenn

1. geänderte Wohngebäude insgesamt den Jahres-Primärenergiebedarf des Referenzgebäudes nach § 3 Absatz 1 und den Höchstwert des spezifischen, auf die wärmeübertragende Umfassungsfläche bezogenen Transmissionswärmeverlusts nach Anlage 1 Tabelle 2,
2. geänderte Nichtwohngebäude insgesamt den Jahres-Primärenergiebedarf des Referenzgebäudes nach § 4 Absatz 1 und die Höchstwerte der mittleren Wärmedurchgangskoeffizienten der wärmeübertragenden Umfassungsfläche nach Anlage 2 Tabelle 2

um nicht mehr als 40 vom Hundert überschreiten.

(2) In Fällen des Absatzes 1 Satz 2 sind die in § 3 Absatz 3 sowie in § 4 Absatz 3 angegebenen Berechnungsverfahren nach Maßgabe der Sätze 2 und 3 und des § 5 entsprechend anzuwenden. Soweit

1. Angaben zu geometrischen Abmessungen von Gebäuden fehlen, können diese durch vereinfachtes Aufmaß ermittelt werden;
2. energetische Kennwerte für bestehende Bauteile und Anlagenkomponenten nicht vorliegen, können gesicherte Erfahrungswerte für Bauteile und Anlagenkomponenten vergleichbarer Altersklassen verwendet werden;

hierbei können anerkannte Regeln der Technik verwendet werden; die Einhaltung solcher Regeln wird vermutet, soweit Vereinfachungen für die Datenaufnahme und die Ermittlung der energetischen Eigenschaften sowie gesicherte Erfahrungswerte verwendet werden, die vom Bundesministerium für Verkehr, Bau und Stadtentwicklung im Einvernehmen mit dem Bundesministerium für Wirtschaft und Technologie im Bundesanzeiger bekannt gemacht worden sind. Bei Anwendung der Verfahren nach § 3 Absatz 3 sind die Randbedingungen und Maßgaben nach Anlage 3 Nr. 8 zu beachten.

(3) Absatz 1 ist nicht anzuwenden auf Änderungen von Außenbauteilen, wenn die Fläche der geänderten Bauteile nicht mehr als 10 vom Hundert der gesamten jeweiligen Bauteilfläche des Gebäudes betrifft.

(4) Bei der Erweiterung und dem Ausbau eines Gebäudes um beheizte oder gekühlte Räume mit zusammenhängend mindestens 15 und höchstens 50 Quadratmetern Nutzfläche sind die betroffenen Außenbauteile so auszuführen, dass die in Anlage 3 festgelegten Wärmedurchgangskoeffizienten nicht überschritten werden.

(5) Ist in Fällen des Absatzes 4 die hinzukommende zusammenhängende Nutzfläche größer als 50 Quadratmeter, sind die betroffenen Außenbauteile so auszuführen, dass der neue Gebäudeteil die Vorschriften für zu errichtende Gebäude nach § 3 oder § 4 einhält.

§ 10
Nachrüstung bei Anlagen und Gebäuden

(1) Eigentümer von Gebäuden dürfen Heizkessel, die mit flüssigen oder gasförmigen Brennstoffen beschickt werden und vor dem 1. Oktober 1978 eingebaut oder aufgestellt worden sind, nicht mehr betreiben. Satz 1 ist nicht anzuwenden, wenn die vorhandenen Heizkessel Niedertemperatur-Heizkessel oder Brennwertkessel sind, sowie auf heizungstechnische Anlagen, deren Nennleistung weniger als vier Kilowatt oder mehr als 400 Kilowatt beträgt, und auf Heizkessel nach § 13 Absatz 3 Nummer 2 bis 4.

(2) Eigentümer von Gebäuden müssen dafür sorgen, dass bei heizungstechnischen Anlagen bisher ungedämmte, zugängliche Wärmeverteilungs- und Warmwasserleitungen sowie Armaturen, die sich nicht in beheizten Räumen befinden, nach Anlage 5 zur Begrenzung der Wärmeabgabe gedämmt sind.

(3) Eigentümer von Wohngebäuden sowie von Nichtwohngebäuden, die nach ihrer Zweckbestimmung jährlich mindestens vier Monate und auf Innentemperaturen von mindestens 19 Grad Celsius beheizt werden, müssen dafür sorgen, dass bisher ungedämmte, nicht begehbare, aber zugängliche oberste Geschossdecken beheizter Räume so gedämmt sind, dass der Wärmedurchgangskoeffizient der Geschossdecke 0,24 Watt/($m^2 \cdot K$) nicht überschreitet. Die Pflicht nach Satz 1 gilt als erfüllt, wenn anstelle der Geschossdecke das darüber liegende, bisher ungedämmte Dach entsprechend gedämmt ist.

(4) Auf begehbare, bisher ungedämmte oberste Geschossdecken beheizter Räume ist Absatz 3 nach dem 31. Dezember 2011 entsprechend anzuwenden.

(5) Bei Wohngebäuden mit nicht mehr als zwei Wohnungen, von denen der Eigentümer eine Wohnung am 1. Februar 2002 selbst bewohnt hat, sind die Pflichten nach den Absätzen 1 bis 4 erst im Falle eines Eigentümerwechsels nach dem 1. Februar 2002 von dem neuen Eigentümer zu erfüllen. Die Frist zur Pflichterfüllung beträgt zwei Jahre ab dem ersten Eigentumsübergang. Sind im Falle eines Eigentümerwechsels vor dem 1. Januar 2010 noch keine zwei Jahre verstrichen, genügt es, die obersten Geschossdecken beheizter Räume so zu

dämmen, dass der Wärmedurchgangskoeffizient der Geschossdecke 0,30 Watt/(m²·K) nicht überschreitet.

(6) Die Absätze 2 bis 5 sind nicht anzuwenden, soweit die für die Nachrüstung erforderlichen Aufwendungen durch die eintretenden Einsparungen nicht innerhalb angemessener Frist erwirtschaftet werden können.

§ 10a
Außerbetriebnahme von elektrischen Speicherheizsystemen

(1) In Wohngebäuden mit mehr als fünf Wohneinheiten dürfen Eigentümer elektrische Speicherheizsysteme nach Maßgabe des Absatzes 2 nicht mehr betreiben, wenn die Raumwärme in den Gebäuden ausschließlich durch elektrische Speicherheizsysteme erzeugt wird. Auf Nichtwohngebäude, die nach ihrer Zweckbestimmung jährlich mindestens vier Monate und auf Innentemperaturen von mindestens 19 Grad Celsius beheizt werden, ist Satz 1 entsprechend anzuwenden, wenn mehr als 500 Quadratmeter Nutzfläche mit elektrischen Speicherheizsystemen beheizt werden. Auf elektrische Speicherheizsysteme mit nicht mehr als 20 Watt Heizleistung pro Quadratmeter Nutzfläche einer Wohnungs-, Betriebs- oder sonstigen Nutzungseinheit sind die Sätze 1 und 2 nicht anzuwenden.

(2) Vor dem 1. Januar 1990 eingebaute oder aufgestellte elektrische Speicherheizsysteme dürfen nach dem 31. Dezember 2019 nicht mehr betrieben werden. Nach dem 31. Dezember 1989 eingebaute oder aufgestellte elektrische Speicherheizsysteme dürfen nach Ablauf von 30 Jahren nach dem Einbau oder der Aufstellung nicht mehr betrieben werden. Wurden die elektrischen Speicherheizsysteme nach dem 31. Dezember 1989 in wesentlichen Bauteilen erneuert, dürfen sie nach Ablauf von 30 Jahren nach der Erneuerung nicht mehr betrieben werden. Werden mehrere Heizaggregate in einem Gebäude betrieben, ist bei Anwendung der Sätze 1, 2 oder 3 insgesamt auf das zweitälteste Heizaggregat abzustellen.

(3) Absatz 1 ist nicht anzuwenden, wenn

1. andere öffentlich-rechtliche Pflichten entgegenstehen,
2. die erforderlichen Aufwendungen für die Außerbetriebnahme und den Einbau einer neuen Heizung auch bei Inanspruchnahme möglicher Fördermittel nicht innerhalb angemessener Frist durch die eintretenden Einsparungen erwirtschaftet werden können oder

3. wenn

   a) für das Gebäude der Bauantrag nach dem 31. Dezember 1994 gestellt worden ist,

   b) das Gebäude schon bei der Baufertigstellung das Anforderungsniveau der Wärmeschutzverordnung vom 16. August 1994 (BGBl. I S. 2121) eingehalten hat oder

   c) das Gebäude durch spätere Änderungen mindestens auf das in Buchstabe b bezeichnete Anforderungsniveau gebracht worden ist.

Bei der Ermittlung der energetischen Eigenschaften des Gebäudes nach Satz 1 Nummer 3 Buchstabe b und c können die Bestimmungen über die vereinfachte Datenerhebung nach § 9 Absatz 2 Satz 2 und die Datenbereitstellung durch den Eigentümer nach § 17 Absatz 5 entsprechend angewendet werden. § 25 Absatz 1 und 2 bleibt unberührt.

§ 11
Aufrechterhaltung der energetischen Qualität

(1) Außenbauteile dürfen nicht in einer Weise verändert werden, dass die energetische Qualität des Gebäudes verschlechtert wird. Das Gleiche gilt für Anlagen und Einrichtungen nach dem Abschnitt 4, soweit sie zum Nachweis der Anforderungen energieeinsparrechtlicher Vorschriften des Bundes zu berücksichtigen waren.

(2) Energiebedarfssenkende Einrichtungen in Anlagen nach Absatz 1 sind vom Betreiber betriebsbereit zu erhalten und bestimmungsgemäß zu nutzen. Eine Nutzung und Erhaltung im Sinne des Satzes 1 gilt als gegeben, soweit der Einfluss einer energiebedarfssenkenden Einrichtung auf den Jahres-Primärenergiebedarf durch andere anlagentechnische oder bauliche Maßnahmen ausgeglichen wird.

(3) Anlagen und Einrichtungen der Heizungs-, Kühl- und Raumlufttechnik sowie der Warmwasserversorgung sind vom Betreiber sachgerecht zu bedienen. Komponenten mit wesentlichem Einfluss auf den Wirkungsgrad solcher Anlagen sind vom Betreiber regelmäßig zu warten und instand zu halten. Für die Wartung und Instandhaltung ist Fachkunde erforderlich. Fachkundig ist, wer die zur Wartung und Instandhaltung notwendigen Fachkenntnisse und Fertigkeiten besitzt.

§ 12
Energetische Inspektion von Klimaanlagen

(1) Betreiber von in Gebäude eingebauten Klimaanlagen mit einer Nennleistung für den Kältebedarf von mehr als zwölf Kilowatt haben innerhalb der in den Absätzen 3 und 4 genannten Zeiträume energetische Inspektionen dieser Anlagen durch berechtigte Personen im Sinne des Absatzes 5 durchführen zu lassen.

(2) Die Inspektion umfasst Maßnahmen zur Prüfung der Komponenten, die den Wirkungsgrad der Anlage beeinflussen, und der Anlagendimensionierung im Verhältnis zum Kühlbedarf des Gebäudes. Sie bezieht sich insbesondere auf

1. die Überprüfung und Bewertung der Einflüsse, die für die Auslegung der Anlage verantwortlich sind, insbesondere Veränderungen der Raumnutzung und -belegung, der Nutzungszeiten, der inneren Wärmequellen sowie der relevanten bauphysikalischen Eigenschaften des Gebäudes und der vom Betreiber geforderten Sollwerte hinsichtlich Luftmengen, Temperatur, Feuchte, Betriebszeit sowie Toleranzen, und
2. die Feststellung der Effizienz der wesentlichen Komponenten.

Dem Betreiber sind Ratschläge in Form von kurz gefassten fachlichen Hinweisen für Maßnahmen zur kostengünstigen Verbesserung der energetischen Eigenschaften der Anlage, für deren Austausch oder für Alternativlösungen zu geben. Die inspizierende Person hat dem Betreiber die Ergebnisse der Inspektion unter Angabe ihres Namens sowie ihrer Anschrift und Berufsbezeichnung zu bescheinigen.

(3) Die Inspektion ist erstmals im zehnten Jahr nach der Inbetriebnahme oder der Erneuerung wesentlicher Bauteile wie Wärmeübertrager, Ventilator oder Kältemaschine durchzuführen. Abweichend von Satz 1 sind die am 1. Oktober 2007 mehr als vier und bis zu zwölf Jahre alten Anlagen innerhalb von sechs Jahren, die über zwölf Jahre alten Anlagen innerhalb von vier Jahren und die über 20 Jahre alten Anlagen innerhalb von zwei Jahren nach dem 1. Oktober 2007 erstmals einer Inspektion zu unterziehen.

(4) Nach der erstmaligen Inspektion ist die Anlage wiederkehrend mindestens alle zehn Jahre einer Inspektion zu unterziehen.

(5) Inspektionen dürfen nur von fachkundigen Personen durchgeführt werden. Fachkundig sind insbesondere

1. Personen mit berufsqualifizierendem Hochschulabschluss in den Fachrichtungen Versorgungstechnik oder Technische Gebäudeaus-

rüstung mit mindestens einem Jahr Berufserfahrung in Planung, Bau, Betrieb oder Prüfung raumlufttechnischer Anlagen,

2. Personen mit berufsqualifizierendem Hochschulabschluss in
   a) den Fachrichtungen Maschinenbau, Elektrotechnik, Verfahrenstechnik, Bauingenieurwesen oder
   b) einer anderen technischen Fachrichtung mit einem Ausbildungsschwerpunkt bei der Versorgungstechnik oder der Technischen Gebäudeausrüstung

   mit mindestens drei Jahren Berufserfahrung in Planung, Bau, Betrieb oder Prüfung raumlufttechnischer Anlagen.

Gleichwertige Ausbildungen, die in einem anderen Mitgliedstaat der Europäischen Union, einem anderen Vertragsstaat des Abkommens über den Europäischen Wirtschaftsraum oder der Schweiz erworben worden sind und durch einen Ausbildungsnachweis belegt werden können, sind den in Satz 2 genannten Ausbildungen gleichgestellt.

(6) Der Betreiber hat die Bescheinigung über die Durchführung der Inspektion der nach Landesrecht zuständigen Behörde auf Verlangen vorzulegen.

ABSCHNITT 4
Anlagen der Heizungs-, Kühl- und Raumlufttechnik sowie der Warmwasserversorgung

§ 13
Inbetriebnahme von Heizkesseln und sonstigen Wärmeerzeugersystemen

(1) Heizkessel, die mit flüssigen oder gasförmigen Brennstoffen beschickt werden und deren Nennleistung mindestens vier Kilowatt und höchstens 400 Kilowatt beträgt, dürfen zum Zwecke der Inbetriebnahme in Gebäuden nur eingebaut oder aufgestellt werden, wenn sie mit der CE-Kennzeichnung nach § 5 Abs. 1 und 2 der Verordnung über das Inverkehrbringen von Heizkesseln und Geräten nach dem Bauproduktengesetz vom 28. April 1998 (BGBl. I S. 796) oder nach Artikel 7 Abs. 1 Satz 2 der Richtlinie 92/42/EWG des Rates vom 21. Mai 1992 über die Wirkungsgrade von mit flüssigen oder gasförmigen Brennstoffen beschickten neuen Warmwasserheizkesseln (ABl. EG Nr. L 167 S. 17, L 195 S. 32), die zuletzt durch die Richtlinie 2005/32/EG des Europäischen Parlaments und des Rates vom 6. Juli 2005 (ABl. EU Nr. L 191 S. 29) geändert worden ist, versehen sind. Satz 1 gilt auch

für Heizkessel, die aus Geräten zusammengefügt werden, soweit dabei die Parameter beachtet werden, die sich aus der den Geräten beiliegenden EG-Konformitätserklärung ergeben.

(2) Heizkessel dürfen in Gebäuden nur dann zum Zwecke der Inbetriebnahme eingebaut oder aufgestellt werden, wenn die Anforderungen nach Anlage 4a eingehalten werden. In Fällen der Pflicht zur Außerbetriebnahme elektrischer Speicherheizsysteme nach § 10a sind die Anforderungen nach Anlage 4a auch auf sonstige Wärmeerzeugersysteme anzuwenden, deren Heizleistung größer als 20 Watt pro Quadratmeter Nutzfläche ist. Ausgenommen sind bestehende Gebäude, wenn deren Jahres-Primärenergiebedarf den Wert des Jahres-Primärenergiebedarfs des Referenzgebäudes um nicht mehr als 40 vom Hundert überschreitet.

(3) Absatz 1 ist nicht anzuwenden auf

1. einzeln produzierte Heizkessel,
2. Heizkessel, die für den Betrieb mit Brennstoffen ausgelegt sind, deren Eigenschaften von den marktüblichen flüssigen und gasförmigen Brennstoffen erheblich abweichen,
3. Anlagen zur ausschließlichen Warmwasserbereitung,
4. Küchenherde und Geräte, die hauptsächlich zur Beheizung des Raumes, in dem sie eingebaut oder aufgestellt sind, ausgelegt sind, daneben aber auch Warmwasser für die Zentralheizung und für sonstige Gebrauchszwecke liefern,
5. Geräte mit einer Nennleistung von weniger als sechs Kilowatt zur Versorgung eines Warmwasserspeichersystems mit Schwerkraftumlauf.

(4) Heizkessel, deren Nennleistung kleiner als vier Kilowatt oder größer als 400 Kilowatt ist, und Heizkessel nach Absatz 3 dürfen nur dann zum Zwecke der Inbetriebnahme in Gebäuden eingebaut oder aufgestellt werden, wenn sie nach anerkannten Regeln der Technik gegen Wärmeverluste gedämmt sind.

§ 14
Verteilungseinrichtungen und Warmwasseranlagen

(1) Zentralheizungen müssen beim Einbau in Gebäude mit zentralen selbsttätig wirkenden Einrichtungen zur Verringerung und Abschaltung der Wärmezufuhr sowie zur Ein- und Ausschaltung elektrischer Antriebe in Abhängigkeit von

1. der Außentemperatur oder einer anderen geeigneten Führungsgröße und
2. der Zeit

ausgestattet werden. Soweit die in Satz 1 geforderten Ausstattungen bei bestehenden Gebäuden nicht vorhanden sind, muss der Eigentümer sie nachrüsten. Bei Wasserheizungen, die ohne Wärmeübertrager an eine Nah- oder Fernwärmeversorgung angeschlossen sind, gilt Satz 1 hinsichtlich der Verringerung und Abschaltung der Wärmezufuhr auch ohne entsprechende Einrichtungen in den Haus- und Kundenanlagen als eingehalten, wenn die Vorlauftemperatur des Nah- oder Fernwärmenetzes in Abhängigkeit von der Außentemperatur und der Zeit durch entsprechende Einrichtungen in der zentralen Erzeugungsanlage geregelt wird.

(2) Heizungstechnische Anlagen mit Wasser als Wärmeträger müssen beim Einbau in Gebäude mit selbsttätig wirkenden Einrichtungen zur raumweisen Regelung der Raumtemperatur ausgestattet werden. Satz 1 gilt nicht für Einzelheizgeräte, die zum Betrieb mit festen oder flüssigen Brennstoffen eingerichtet sind. Mit Ausnahme von Wohngebäuden ist für Gruppen von Räumen gleicher Art und Nutzung eine Gruppenregelung zulässig. Fußbodenheizungen in Gebäuden, die vor dem 1. Februar 2002 errichtet worden sind, dürfen abweichend von Satz 1 mit Einrichtungen zur raumweisen Anpassung der Wärmeleistung an die Heizlast ausgestattet werden. Soweit die in Satz 1 bis 3 geforderten Ausstattungen bei bestehenden Gebäuden nicht vorhanden sind, muss der Eigentümer sie nachrüsten.

(3) In Zentralheizungen mit mehr als 25 Kilowatt Nennleistung sind die Umwälzpumpen der Heizkreise beim erstmaligen Einbau und bei der Ersetzung so auszustatten, dass die elektrische Leistungsaufnahme dem betriebsbedingten Förderbedarf selbsttätig in mindestens drei Stufen angepasst wird, soweit sicherheitstechnische Belange des Heizkessels dem nicht entgegenstehen.

(4) Zirkulationspumpen müssen beim Einbau in Warmwasseranlagen mit selbsttätig wirkenden Einrichtungen zur Ein- und Ausschaltung ausgestattet werden.

(5) Beim erstmaligen Einbau und bei der Ersetzung von Wärmeverteilungs- und Warmwasserleitungen sowie von Armaturen in Gebäuden ist deren Wärmeabgabe nach Anlage 5 zu begrenzen.

(6) Beim erstmaligen Einbau von Einrichtungen, in denen Heiz- oder Warmwasser gespeichert wird, in Gebäude und bei deren Erset-

zung ist deren Wärmeabgabe nach anerkannten Regeln der Technik zu begrenzen.

§ 15
Klimaanlagen und sonstige Anlagen der Raumlufttechnik

(1) Beim Einbau von Klimaanlagen mit einer Nennleistung für den Kältebedarf von mehr als zwölf Kilowatt und raumlufttechnischen Anlagen, die für einen Volumenstrom der Zuluft von wenigstens 4 000 Kubikmeter je Stunde ausgelegt sind, in Gebäude sowie bei der Erneuerung von Zentralgeräten oder Luftkanalsystemen solcher Anlagen müssen diese Anlagen so ausgeführt werden, dass

1. die auf das Fördervolumen bezogene elektrische Leistung der Einzelventilatoren oder
2. der gewichtete Mittelwert der auf das jeweilige Fördervolumen bezogenen elektrischen Leistungen aller Zu- und Abluftventilatoren

bei Auslegungsvolumenstrom den Grenzwert der Kategorie SFP 4 nach DIN EN 13779 : 2007-09 nicht überschreitet. Der Grenzwert für die Klasse SFP 4 kann um Zuschläge nach DIN EN 13779 : 200709 Abschnitt 6.5.2 für Gas- und HEPA-Filter sowie Wärmerückführungsbauteile der Klassen H2 oder H1 nach DIN EN 13053 erweitert werden.

(2) Beim Einbau von Anlagen nach Absatz 1 Satz 1 in Gebäude und bei der Erneuerung von Zentralgeräten solcher Anlagen müssen, soweit diese Anlagen dazu bestimmt sind, die Feuchte der Raumluft unmittelbar zu verändern, diese Anlagen mit selbsttätig wirkenden Regelungseinrichtungen ausgestattet werden, bei denen getrennte Sollwerte für die Be- und die Entfeuchtung eingestellt werden können und als Führungsgröße mindestens die direkt gemessene Zu- oder Abluftfeuchte dient. Sind solche Einrichtungen in bestehenden Anlagen nach Absatz 1 Satz 1 nicht vorhanden, muss der Betreiber sie bei Klimaanlagen innerhalb von sechs Monaten nach Ablauf der jeweiligen Frist des § 12 Absatz 3, bei sonstigen raumlufttechnischen Anlagen in entsprechender Anwendung der jeweiligen Fristen des § 12 Absatz 3, nachrüsten.

(3) Beim Einbau von Anlagen nach Absatz 1 Satz 1 in Gebäude und bei der Erneuerung von Zentralgeräten oder Luftkanalsystemen solcher Anlagen müssen diese Anlagen mit Einrichtungen zur selbsttätigen Regelung der Volumenströme in Abhängigkeit von den thermischen und stofflichen Lasten oder zur Einstellung der Volumenströme in Abhängigkeit von der Zeit ausgestattet werden, wenn der Zuluft-

volumenstrom dieser Anlagen je Quadratmeter versorgter Nettogrundfläche, bei Wohngebäuden je Quadratmeter versorgter Gebäudenutzfläche neun Kubikmeter pro Stunde überschreitet. Satz 1 gilt nicht, soweit in den versorgten Räumen auf Grund des Arbeits- oder Gesundheitsschutzes erhöhte Zuluftvolumenströme erforderlich sind oder Laständerungen weder messtechnisch noch hinsichtlich des zeitlichen Verlaufes erfassbar sind.

(4) Werden Kälteverteilungs- und Kaltwasserleitungen und Armaturen, die zu Anlagen im Sinne des Absatzes 1 Satz 1 gehören, erstmalig in Gebäude eingebaut oder ersetzt, ist deren Wärmeaufnahme nach Anlage 5 zu begrenzen.

(5) Werden Anlagen nach Absatz 1 Satz 1 in Gebäude eingebaut oder Zentralgeräte solcher Anlagen erneuert, müssen diese mit einer Einrichtung zur Wärmerückgewinnung ausgestattet sein, die mindestens der Klassifizierung H3 nach DIN EN 13053 : 2007-09 entspricht. Für die Betriebsstundenzahl sind die Nutzungsrandbedingungen nach DIN V 18599-10 : 2007-02 und für den Luftvolumenstrom der Außenluftvolumenstrom maßgebend.

ABSCHNITT 5
Energieausweise und Empfehlungen für die Verbesserung der Energieeffizienz

§ 16
Ausstellung und Verwendung von Energieausweisen

(1) Wird ein Gebäude errichtet, hat der Bauherr sicherzustellen, dass ihm, wenn er zugleich Eigentümer des Gebäudes ist, oder dem Eigentümer des Gebäudes ein Energieausweis nach dem Muster der Anlage 6 oder 7 unter Zugrundelegung der energetischen Eigenschaften des fertig gestellten Gebäudes ausgestellt wird. Satz 1 ist entsprechend anzuwenden, wenn

1. an einem Gebäude Änderungen im Sinne der Anlage 3 Nr. 1 bis 6 vorgenommen oder
2. die Nutzfläche der beheizten oder gekühlten Räume eines Gebäudes um mehr als die Hälfte erweitert wird

und dabei unter Anwendung des § 9 Absatz 1 Satz 2 für das gesamte Gebäude Berechnungen nach § 9 Abs. 2 durchgeführt werden. Der Eigentümer hat den Energieausweis der nach Landesrecht zuständigen Behörde auf Verlangen vorzulegen.

(2) Soll ein mit einem Gebäude bebautes Grundstück, ein grundstücksgleiches Recht an einem bebauten Grundstück oder Wohnungs- oder Teileigentum verkauft werden, hat der Verkäufer dem potenziellen Käufer einen Energieausweis mit dem Inhalt nach dem Muster der Anlage 6 oder 7 zugänglich zu machen, spätestens unverzüglich, nachdem der potenzielle Käufer dies verlangt hat. Satz 1 gilt entsprechend für den Eigentümer, Vermieter, Verpächter und Leasinggeber bei der Vermietung, der Verpachtung oder beim Leasing eines Gebäudes, einer Wohnung oder einer sonstigen selbstständigen Nutzungseinheit.

(3) Für Gebäude mit mehr als 1 000 Quadratmetern Nutzfläche, in denen Behörden und sonstige Einrichtungen für eine große Anzahl von Menschen öffentliche Dienstleistungen erbringen und die deshalb von diesen Menschen häufig aufgesucht werden, sind Energieausweise nach dem Muster der Anlage 7 auszustellen. Der Eigentümer hat den Energieausweis an einer für die Öffentlichkeit gut sichtbaren Stelle auszuhängen; der Aushang kann auch nach dem Muster der Anlage 8 oder 9 vorgenommen werden.

(4) Auf kleine Gebäude sind die Vorschriften dieses Abschnitts nicht anzuwenden. Auf Baudenkmäler sind die Absätze 2 und 3 nicht anzuwenden.

§ 17
Grundsätze des Energieausweises

(1) Der Aussteller hat Energieausweise nach § 16 auf der Grundlage des berechneten Energiebedarfs oder des erfassten Energieverbrauchs nach Maßgabe der Absätze 2 bis 6 sowie der §§ 18 und 19 auszustellen. Es ist zulässig, sowohl den Energiebedarf als auch den Energieverbrauch anzugeben.

(2) Energieausweise dürfen in den Fällen des § 16 Abs. 1 nur auf der Grundlage des Energiebedarfs ausgestellt werden. In den Fällen des § 16 Abs. 2 sind ab dem 1. Oktober 2008 Energieausweise für Wohngebäude, die weniger als fünf Wohnungen haben und für die der Bauantrag vor dem 1. November 1977 gestellt worden ist, auf der Grundlage des Energiebedarfs auszustellen. Satz 2 gilt nicht, wenn das Wohngebäude

1. schon bei der Baufertigstellung das Anforderungsniveau der Wärmeschutzverordnung vom 11. August 1977 (BGBl. I S. 1554) eingehalten hat oder

2. durch spätere Änderungen mindestens auf das in Nummer 1 bezeichnete Anforderungsniveau gebracht worden ist.

Bei der Ermittlung der energetischen Eigenschaften des Wohngebäudes nach Satz 3 können die Bestimmungen über die vereinfachte Datenerhebung nach § 9 Abs. 2 Satz 2 und die Datenbereitstellung durch den Eigentümer nach Absatz 5 angewendet werden.

(3) Energieausweise werden für Gebäude ausgestellt. Sie sind für Teile von Gebäuden auszustellen, wenn die Gebäudeteile nach § 22 getrennt zu behandeln sind.

(4) Energieausweise müssen nach Inhalt und Aufbau den Mustern in den Anlagen 6 bis 9 entsprechen und mindestens die dort für die jeweilige Ausweisart geforderten, nicht als freiwillig gekennzeichneten Angaben enthalten; sie sind vom Aussteller unter Angabe von Name, Anschrift und Berufsbezeichnung eigenhändig oder durch Nachbildung der Unterschrift zu unterschreiben. Zusätzliche Angaben können beigefügt werden.

(5) Der Eigentümer kann die zur Ausstellung des Energieausweises nach § 18 Absatz 1 Satz 1 oder Absatz 2 Satz 1 in Verbindung mit den Anlagen 1, 2 und 3 Nummer 8 oder nach § 19 Absatz 1 Satz 1 und 3, Absatz 2 Satz 1 oder 3 und Absatz 3 Satz 1 erforderlichen Daten bereitstellen. Der Eigentümer muss dafür Sorge tragen, dass die von ihm nach Satz 1 bereitgestellten Daten richtig sind. Der Aussteller darf die vom Eigentümer bereitgestellten Daten seinen Berechnungen nicht zugrunde legen, soweit begründeter Anlass zu Zweifeln an deren Richtigkeit besteht. Soweit der Aussteller des Energieausweises die Daten selbst ermittelt hat, ist Satz 2 entsprechend anzuwenden.

(6) Energieausweise sind für eine Gültigkeitsdauer von zehn Jahren auszustellen. Unabhängig davon verlieren Energieausweise ihre Gültigkeit, wenn nach § 16 Absatz 1 ein neuer Energieausweis erforderlich wird.

§ 18
Ausstellung auf der Grundlage des Energiebedarfs

(1) Werden Energieausweise für zu errichtende Gebäude auf der Grundlage des berechneten Energiebedarfs ausgestellt, sind die Ergebnisse der nach den §§ 3 bis 5 erforderlichen Berechnungen zugrunde zu legen. Die Ergebnisse sind in den Energieausweisen anzugeben, soweit ihre Angabe für Energiebedarfswerte in den Mustern der Anlagen 6 bis 8 vorgesehen ist.

(2) Werden Energieausweise für bestehende Gebäude auf der Grundlage des berechneten Energiebedarfs ausgestellt, ist auf die erforderlichen Berechnungen § 9 Abs. 2 entsprechend anzuwenden. Die Ergebnisse sind in den Energieausweisen anzugeben, soweit ihre Angabe für Energiebedarfswerte in den Mustern der Anlagen 6 bis 8 vorgesehen ist.

§ 19
Ausstellung auf der Grundlage des Energieverbrauchs

(1) Werden Energieausweise für bestehende Gebäude auf der Grundlage des erfassten Energieverbrauchs ausgestellt, ist der witterungsbereinigte Energieverbrauch (Energieverbrauchskennwert) nach Maßgabe der Absätze 2 und 3 zu berechnen. Die Ergebnisse sind in den Energieausweisen anzugeben, soweit ihre Angabe für Energieverbrauchskennwerte in den Mustern der Anlagen 6, 7 und 9 vorgesehen ist. Die Bestimmungen des § 9 Abs. 2 Satz 2 über die vereinfachte Datenerhebung sind entsprechend anzuwenden.

(2) Bei Wohngebäuden ist der Energieverbrauch für Heizung und zentrale Warmwasserbereitung zu ermitteln und in Kilowattstunden pro Jahr und Quadratmeter Gebäudenutzfläche anzugeben. Die Gebäudenutzfläche kann bei Wohngebäuden mit bis zu zwei Wohneinheiten mit beheiztem Keller pauschal mit dem 1,35-fachen Wert der Wohnfläche, bei sonstigen Wohngebäuden mit dem 1,2-fachen Wert der Wohnfläche angesetzt werden. Bei Nichtwohngebäuden ist der Energieverbrauch für Heizung, Warmwasserbereitung, Kühlung, Lüftung und eingebaute Beleuchtung zu ermitteln und in Kilowattstunden pro Jahr und Quadratmeter Nettogrundfläche anzugeben. Der Energieverbrauch für Heizung ist einer Witterungsbereinigung zu unterziehen.

(3) Zur Ermittlung des Energieverbrauchs sind

1. Verbrauchsdaten aus Abrechnungen von Heizkosten nach der Heizkostenverordnung für das gesamte Gebäude,
2. andere geeignete Verbrauchsdaten, insbesondere Abrechnungen von Energielieferanten oder sachgerecht durchgeführte Verbrauchsmessungen, oder
3. eine Kombination von Verbrauchsdaten nach den Nummern 1 und 2

zu verwenden; dabei sind mindestens die Abrechnungen aus einem zusammenhängenden Zeitraum von 36 Monaten zugrunde zu legen, der die jüngste vorliegende Abrechnungsperiode einschließt. Bei der

Ermittlung nach Satz 1 sind längere Leerstände rechnerisch angemessen zu berücksichtigen. Der maßgebliche Energieverbrauch ist der durchschnittliche Verbrauch in dem zugrunde gelegten Zeitraum. Für die Witterungsbereinigung des Energieverbrauchs ist ein den anerkannten Regeln der Technik entsprechendes Verfahren anzuwenden. Die Einhaltung der anerkannten Regeln der Technik wird vermutet, soweit bei der Ermittlung von Energieverbrauchskennwerten Vereinfachungen verwendet werden, die vom Bundesministerium für Verkehr, Bau und Stadtentwicklung im Einvernehmen mit dem Bundesministerium für Wirtschaft und Technologie im Bundesanzeiger bekannt gemacht worden sind.

(4) Als Vergleichswerte für Energieverbrauchskennwerte eines Nichtwohngebäudes sind in den Energieausweis die Werte einzutragen, die jeweils vom Bundesministerium für Verkehr, Bau und Stadtentwicklung im Einvernehmen mit dem Bundesministerium für Wirtschaft und Technologie im Bundesanzeiger bekannt gemacht worden sind.

§ 20
Empfehlungen für die Verbesserung der Energieeffizienz

(1) Sind Maßnahmen für kostengünstige Verbesserungen der energetischen Eigenschaften des Gebäudes (Energieeffizienz) möglich, hat der Aussteller des Energieausweises dem Eigentümer anlässlich der Ausstellung eines Energieausweises entsprechende, begleitende Empfehlungen in Form von kurz gefassten fachlichen Hinweisen auszustellen (Modernisierungsempfehlungen). Dabei kann ergänzend auf weiterführende Hinweise in Veröffentlichungen des Bundesministeriums für Verkehr, Bau und Stadtentwicklung im Einvernehmen mit dem Bundesministerium für Wirtschaft und Technologie oder von ihnen beauftragter Dritter Bezug genommen werden. Die Bestimmungen des § 9 Abs. 2 Satz 2 über die vereinfachte Datenerhebung sind entsprechend anzuwenden. Sind Modernisierungsempfehlungen nicht möglich, hat der Aussteller dies dem Eigentümer anlässlich der Ausstellung des Energieausweises mitzuteilen.

(2) Die Darstellung von Modernisierungsempfehlungen und die Erklärung nach Absatz 1 Satz 4 müssen nach Inhalt und Aufbau dem Muster in Anlage 10 entsprechen. § 17 Abs. 4 und 5 ist entsprechend anzuwenden.

(3) Modernisierungsempfehlungen sind dem Energieausweis mit dem Inhalt nach den Mustern der Anlagen 6 und 7 beizufügen.

§ 21
Ausstellungsberechtigung für bestehende Gebäude

(1) Zur Ausstellung von Energieausweisen für bestehende Gebäude nach § 16 Abs. 2 und 3 und von Modernisierungsempfehlungen nach § 20 sind nur berechtigt

1. Personen mit berufsqualifizierendem Hochschulabschluss in
   a) den Fachrichtungen Architektur, Hochbau, Bauingenieurwesen, Technische Gebäudeausrüstung, Physik, Bauphysik, Maschinenbau oder Elektrotechnik oder
   b) einer anderen technischen oder naturwissenschaftlichen Fachrichtung mit einem Ausbildungsschwerpunkt auf einem unter Buchstabe a genannten Gebiet,
2. Personen im Sinne der Nummer 1 Buchstabe a im Bereich Architektur der Fachrichtung Innenarchitektur,
3. Personen, die für ein zulassungspflichtiges Bau-, Ausbau- oder anlagentechnisches Gewerbe oder für das Schornsteinfegerwesen die Voraussetzungen zur Eintragung in die Handwerksrolle erfüllen, sowie Handwerksmeister der zulassungsfreien Handwerke dieser Bereiche und Personen, die auf Grund ihrer Ausbildung berechtigt sind, eine solches Handwerk ohne Meistertitel selbstständig auszuüben,
4. staatlich anerkannte oder geprüfte Techniker, deren Ausbildungsschwerpunkt auch die Beurteilung der Gebäudehülle, die Beurteilung von Heizungs- und Warmwasserbereitungsanlagen oder die Beurteilung von Lüftungs- und Klimaanlagen umfasst,
5. Personen, die nach bauordnungsrechtlichen Vorschriften der Länder zur Unterzeichnung von bautechnischen Nachweisen des Wärmeschutzes oder der Energieeinsparung bei der Errichtung von Gebäuden berechtigt sind, im Rahmen der jeweiligen Nachweisberechtigung,

wenn sie mit Ausnahme der in Nummer 5 genannten Personen mindestens eine der in Absatz 2 genannten Voraussetzungen erfüllen. Die Ausstellungsberechtigung nach Satz 1 Nr. 2 bis 4 in Verbindung mit Absatz 2 bezieht sich nur auf Energieausweise für bestehende Wohngebäude einschließlich Modernisierungsempfehlungen im Sinne des § 20. Satz 2 gilt entsprechend für in Satz 1 Nummer 1 genannte Personen, die die Voraussetzungen des Absatzes 2 Nummer 1 oder 3 nicht erfüllen, deren Fortbildung jedoch den Anforderungen des Absatzes 2 Nummer 2 Buchstabe b genügt.

(2) Voraussetzung für die Ausstellungsberechtigung nach Absatz 1 Satz 1 Nummer 1 bis 4 ist

1. während des Studiums ein Ausbildungsschwerpunkt im Bereich des energiesparenden Bauens oder nach einem Studium ohne einen solchen Schwerpunkt eine mindestens zweijährige Berufserfahrung in wesentlichen bau- oder anlagentechnischen Tätigkeitsbereichen des Hochbaus,
2. eine erfolgreiche Fortbildung im Bereich des energiesparenden Bauens, die
   a) in Fällen des Absatzes 1 Satz 1 Nr. 1 den wesentlichen Inhalten der Anlage 11,
   b) in Fällen des Absatzes 1 Satz 1 Nr. 2 bis 4 den wesentlichen Inhalten der Anlage 11 Nr. 1 und 2

   entspricht, oder
3. eine öffentliche Bestellung als vereidigter Sachverständiger für ein Sachgebiet im Bereich des energiesparenden Bauens oder in wesentlichen bau- oder anlagentechnischen Tätigkeitsbereichen des Hochbaus.

(2a) – *aufgehoben* –

(3) § 12 Abs. 5 Satz 3 ist auf Ausbildungen im Sinne des Absatzes 1 entsprechend anzuwenden.

ABSCHNITT 6
Gemeinsame Vorschriften, Ordnungswidrigkeiten

§ 22
Gemischt genutzte Gebäude

(1) Teile eines Wohngebäudes, die sich hinsichtlich der Art ihrer Nutzung und der gebäudetechnischen Ausstattung wesentlich von der Wohnnutzung unterscheiden und die einen nicht unerheblichen Teil der Gebäudenutzfläche umfassen, sind getrennt als Nichtwohngebäude zu behandeln.

(2) Teile eines Nichtwohngebäudes, die dem Wohnen dienen und einen nicht unerheblichen Teil der Nettogrundfläche umfassen, sind getrennt als Wohngebäude zu behandeln.

(3) Für die Berechnung von Trennwänden und Trenndecken zwischen Gebäudeteilen gilt in Fällen der Absätze 1 und 2 Anlage 1 Nr. 2.6 Satz 1 entsprechend.

§ 23
Regeln der Technik

(1) Das Bundesministerium für Verkehr, Bau und Stadtentwicklung kann im Einvernehmen mit dem Bundesministerium für Wirtschaft und Technologie durch Bekanntmachung im Bundesanzeiger auf Veröffentlichungen sachverständiger Stellen über anerkannte Regeln der Technik hinweisen, soweit in dieser Verordnung auf solche Regeln Bezug genommen wird.

(2) Zu den anerkannten Regeln der Technik gehören auch Normen, technische Vorschriften oder sonstige Bestimmungen anderer Mitgliedstaaten der Europäischen Union und anderer Vertragsstaaten des Abkommens über den Europäischen Wirtschaftsraum sowie der Türkei, wenn ihre Einhaltung das geforderte Schutzniveau in Bezug auf Energieeinsparung und Wärmeschutz dauerhaft gewährleistet.

(3) Soweit eine Bewertung von Baustoffen, Bauteilen und Anlagen im Hinblick auf die Anforderungen dieser Verordnung auf Grund anerkannter Regeln der Technik nicht möglich ist, weil solche Regeln nicht vorliegen oder wesentlich von ihnen abgewichen wird, sind der nach Landesrecht zuständigen Behörde die erforderlichen Nachweise für eine anderweitige Bewertung vorzulegen. Satz 1 gilt nicht für Baustoffe, Bauteile und Anlagen,

1. die nach dem Bauproduktengesetz oder anderen Rechtsvorschriften zur Umsetzung des europäischen Gemeinschaftsrechts, deren Regelungen auch Anforderungen zur Energieeinsparung umfassen, mit der CE-Kennzeichnung versehen sind und nach diesen Vorschriften zulässige und von den Ländern bestimmte Klassen und Leistungsstufen aufweisen, oder
2. bei denen nach bauordnungsrechtlichen Vorschriften über die Verwendung von Bauprodukten auch die Einhaltung dieser Verordnung sichergestellt wird.

(4) Das Bundesministerium für Verkehr, Bau und Stadtentwicklung und das Bundesministerium für Wirtschaft und Technologie oder in deren Auftrag Dritte können Bekanntmachungen nach dieser Verordnung neben der Bekanntmachung im Bundesanzeiger auch kostenfrei in das Internet einstellen.

(5) Verweisen die nach dieser Verordnung anzuwendenden datierten technischen Regeln auf undatierte technische Regeln, sind diese in der Fassung anzuwenden, die dem Stand zum Zeitpunkt der Herausgabe der datierten technischen Regel entspricht.

§ 24
Ausnahmen

(1) Soweit bei Baudenkmälern oder sonstiger besonders erhaltenswerter Bausubstanz die Erfüllung der Anforderungen dieser Verordnung die Substanz oder das Erscheinungsbild beeinträchtigen oder andere Maßnahmen zu einem unverhältnismäßig hohen Aufwand führen, kann von den Anforderungen dieser Verordnung abgewichen werden.

(2) Soweit die Ziele dieser Verordnung durch andere als in dieser Verordnung vorgesehene Maßnahmen im gleichen Umfang erreicht werden, lassen die nach Landesrecht zuständigen Behörden auf Antrag Ausnahmen zu.

§ 25
Befreiungen

(1) Die nach Landesrecht zuständigen Behörden haben auf Antrag von den Anforderungen dieser Verordnung zu befreien, soweit die Anforderungen im Einzelfall wegen besonderer Umstände durch einen unangemessenen Aufwand oder in sonstiger Weise zu einer unbilligen Härte führen. Eine unbillige Härte liegt insbesondere vor, wenn die erforderlichen Aufwendungen innerhalb der üblichen Nutzungsdauer, bei Anforderungen an bestehende Gebäude innerhalb angemessener Frist durch die eintretenden Einsparungen nicht erwirtschaftet werden können.

(2) Eine unbillige Härte im Sinne des Absatzes 1 kann sich auch daraus ergeben, dass ein Eigentümer zum gleichen Zeitpunkt oder in nahem zeitlichen Zusammenhang mehrere Pflichten nach dieser Verordnung oder zusätzlich nach anderen öffentlich-rechtlichen Vorschriften aus Gründen der Energieeinsparung zu erfüllen hat und ihm dies nicht zuzumuten ist.

(3) Absatz 1 ist auf die Vorschriften des Abschnitts 5 nicht anzuwenden.

§ 26
Verantwortliche

(1) Für die Einhaltung der Vorschriften dieser Verordnung ist der Bauherr verantwortlich, soweit in dieser Verordnung nicht ausdrücklich ein anderer Verantwortlicher bezeichnet ist.

(2) Für die Einhaltung der Vorschriften dieser Verordnung sind im Rahmen ihres jeweiligen Wirkungskreises auch die Personen verantwortlich, die im Auftrag des Bauherrn bei der Errichtung oder Änderung von Gebäuden oder der Anlagentechnik in Gebäuden tätig werden.

§ 26a
Private Nachweise

(1) Wer geschäftsmäßig an oder in bestehenden Gebäuden Arbeiten

1. zur Änderung von Außenbauteilen im Sinne des § 9 Absatz 1 Satz 1,
2. zur Dämmung oberster Geschossdecken im Sinne von § 10 Absatz 3 und 4, auch in Verbindung mit Absatz 5, oder
3. zum erstmaligen Einbau oder zur Ersetzung von Heizkesseln und sonstigen Wärmeerzeugersystemen nach § 13, Verteilungseinrichtungen oder Warmwasseranlagen nach § 14 oder Klimaanlagen oder sonstigen Anlagen der Raumlufttechnik nach § 15

durchführt, hat dem Eigentümer unverzüglich nach Abschluss der Arbeiten schriftlich zu bestätigen, dass die von ihm geänderten oder eingebauten Bau- oder Anlagenteile den Anforderungen dieser Verordnung entsprechen (Unternehmererklärung).

(2) Mit der Unternehmererklärung wird die Erfüllung der Pflichten aus den in Absatz 1 genannten Vorschriften nachgewiesen. Die Unternehmererklärung ist von dem Eigentümer mindestens fünf Jahre aufzubewahren. Der Eigentümer hat die Unternehmererklärungen der nach Landesrecht zuständigen Behörde auf Verlangen vorzulegen.

§ 26b
Aufgaben des Bezirksschornsteinfegermeisters

(1) Bei heizungstechnischen Anlagen prüft der Bezirksschornsteinfegermeister als Beliehener im Rahmen der Feuerstättenschau, ob

1. Heizkessel, die nach § 10 Absatz 1, auch in Verbindung mit Absatz 5, außer Betrieb genommen werden mussten, weiterhin betrieben werden und
2. Wärmeverteilungs- und Warmwasserleitungen sowie Armaturen, die nach § 10 Absatz 2, auch in Verbindung mit Absatz 5, gedämmt werden mussten, weiterhin ungedämmt sind.

(2) Bei heizungstechnischen Anlagen, die in bestehende Gebäude eingebaut werden, prüft der Bezirksschornsteinfegermeister als Belie-

hener im Rahmen der ersten Feuerstättenschau nach dem Einbau außerdem, ob

1. Zentralheizungen mit einer zentralen selbsttätig wirkenden Einrichtung zur Verringerung und Abschaltung der Wärmezufuhr sowie zur Ein- und Ausschaltung elektrischer Antriebe nach § 14 Absatz 1 ausgestattet sind,
2. Umwälzpumpen in Zentralheizungen mit Vorrichtungen zur selbsttätigen Anpassung der elektrischen Leistungsaufnahme nach § 14 Absatz 3 ausgestattet sind,
3. bei Wärmeverteilungs- und Warmwasserleitungen sowie Armaturen die Wärmeabgabe nach § 14 Absatz 5 begrenzt ist.

(3) Der Bezirksschornsteinfegermeister weist den Eigentümer bei Nichterfüllung der Pflichten aus den in den Absätzen 1 und 2 genannten Vorschriften schriftlich auf diese Pflichten hin und setzt eine angemessene Frist zu deren Nacherfüllung. Werden die Pflichten nicht innerhalb der festgesetzten Frist erfüllt, unterrichtet der Bezirksschornsteinfegermeister unverzüglich die nach Landesrecht zuständige Behörde.

(4) Die Erfüllung der Pflichten aus den in den Absätzen 1 und 2 genannten Vorschriften kann durch Vorlage der Unternehmererklärungen gegenüber dem Bezirksschornsteinfegermeister nachgewiesen werden. Es bedarf dann keiner weiteren Prüfung durch den Bezirksschornsteinfegermeister.

(5) Eine Prüfung nach Absatz 1 findet nicht statt, soweit eine vergleichbare Prüfung durch den Bezirksschornsteinfegermeister bereits auf der Grundlage von Landesrecht für die jeweilige heizungstechnische Anlage vor dem 1. Oktober 2009 erfolgt ist.

§ 27
Ordnungswidrigkeiten

(1) Ordnungswidrig im Sinne des § 8 Abs. 1 Nr. 1 des Energieeinsparungsgesetzes handelt, wer vorsätzlich oder leichtfertig

1. entgegen § 3 Absatz 1 ein Wohngebäude nicht richtig errichtet,
2. entgegen § 4 Absatz 1 ein Nichtwohngebäude nicht richtig errichtet,
3. entgegen § 9 Absatz 1 Satz 1 Änderungen ausführt,
4. entgegen § 12 Abs. 1 eine Inspektion nicht oder nicht rechtzeitig durchführen lässt,
5. entgegen § 12 Abs. 5 Satz 1 eine Inspektion durchführt,

6. entgegen § 13 Abs. 1 Satz 1, auch in Verbindung mit Satz 2, einen Heizkessel einbaut oder aufstellt,
7. entgegen § 14 Abs. 1 Satz 1, Abs. 2 Satz 1 oder Abs. 3 eine Zentralheizung, eine heizungstechnische Anlage oder eine Umwälzpumpe nicht oder nicht rechtzeitig ausstattet oder
8. entgegen § 14 Abs. 5 die Wärmeabgabe von Wärmeverteilungs- oder Warmwasserleitungen oder Armaturen nicht oder nicht rechtzeitig begrenzt.

(2) Ordnungswidrig im Sinne des § 8 Abs. 1 Nr. 2 des Energieeinsparungsgesetzes handelt, wer vorsätzlich oder leichtfertig

1. entgegen § 16 Abs. 2 Satz 1, auch in Verbindung mit Satz 2, einen Energieausweis nicht, nicht vollständig oder nicht rechtzeitig zugänglich macht,
2. entgegen § 17 Absatz 5 Satz 2, auch in Verbindung mit Satz 4, nicht dafür Sorge trägt, dass die bereitgestellten Daten richtig sind,
3. entgegen § 17 Absatz 5 Satz 3 bereitgestellte Daten seinen Berechnungen zugrunde legt oder
4. entgegen § 21 Abs. 1 Satz 1 einen Energieausweis oder Modernisierungsempfehlungen ausstellt.

(3) Ordnungswidrig im Sinne des § 8 Absatz 1 Nummer 3 des Energieeinsparungsgesetzes handelt, wer vorsätzlich oder leichtfertig entgegen § 26a Absatz 1 eine Bestätigung nicht, nicht richtig oder nicht rechtzeitig vornimmt.

ABSCHNITT 7
Schlussvorschriften

§ 28
Allgemeine Übergangsvorschriften

(1) Auf Vorhaben, welche die Errichtung, die Änderung, die Erweiterung oder den Ausbau von Gebäuden zum Gegenstand haben, ist diese Verordnung in der zum Zeitpunkt der Bauantragstellung oder der Bauanzeige geltenden Fassung anzuwenden.

(2) Auf nicht genehmigungsbedürftige Vorhaben, die nach Maßgabe des Bauordnungsrechts der Gemeinde zur Kenntnis zu geben sind, ist diese Verordnung in der zum Zeitpunkt der Kenntnisgabe gegenüber der zuständigen Behörde geltenden Fassung anzuwenden.

(3) Auf sonstige nicht genehmigungsbedürftige, insbesondere genehmigungs-, anzeige- und verfahrensfreie Vorhaben ist diese Verordnung in der zum Zeitpunkt des Beginns der Bauausführung geltenden Fassung anzuwenden.

(4) Auf Verlangen des Bauherrn ist abweichend von Absatz 1 das neue Recht anzuwenden, wenn über den Bauantrag oder nach einer Bauanzeige noch nicht bestandskräftig entschieden worden ist.

§ 29
Übergangsvorschriften für Energieausweise und Aussteller

(1) Energieausweise für Wohngebäude der Baufertigstellungsjahre bis 1965 müssen in Fällen des § 16 Abs. 2 erst ab dem 1. Juli 2008, für später errichtete Wohngebäude erst ab dem 1. Januar 2009 zugänglich gemacht werden. Satz 1 ist nicht auf Energiebedarfsausweise anzuwenden, die für Wohngebäude nach § 13 Abs. 1 oder 2 der Energieeinsparverordnung in einer vor dem 1. Oktober 2007 geltenden Fassung ausgestellt worden sind.

(2) Energieausweise für Nichtwohngebäude müssen erst ab dem 1. Juli 2009

1. in Fällen des § 16 Abs. 2 zugänglich gemacht und
2. in Fällen des § 16 Abs. 3 ausgestellt und ausgehängt werden.

Satz 1 Nr. 1 ist nicht auf Energie- und Wärmebedarfsausweise anzuwenden, die für Nichtwohngebäude nach § 13 Abs. 1, 2 oder 3 der Energieeinsparverordnung in einer vor dem 1. Oktober 2007 geltenden Fassung ausgestellt worden sind.

(3) Energie- und Wärmebedarfsausweise nach vor dem 1. Oktober 2007 geltenden Fassungen der Energieeinsparverordnung sowie Wärmebedarfsausweise nach § 12 der Wärmeschutzverordnung vom 16. August 1994 (BGBl. I S. 2121) gelten als Energieausweise im Sinne des § 16 Abs. 1 Satz 3, Abs. 2 und 3; die Gültigkeitsdauer dieser Ausweise beträgt zehn Jahre ab dem Tag der Ausstellung. Das Gleiche gilt für Energieausweise, die vor dem 1. Oktober 2007

1. von Gebietskörperschaften oder auf deren Veranlassung von Dritten nach einheitlichen Regeln oder
2. in Anwendung der in dem von der Bundesregierung am 25. April 2007 beschlossenen Entwurf dieser Verordnung (Bundesrats-Drucksache 282/07) enthaltenen Bestimmungen

ausgestellt worden sind.

(4) Zur Ausstellung von Energieausweisen für bestehende Wohngebäude nach § 16 Abs. 2 und von Modernisierungsempfehlungen nach § 20 sind ergänzend zu § 21 auch Personen berechtigt, die vor dem 25. April 2007 nach Maßgabe der Richtlinie des Bundesministeriums für Wirtschaft und Technologie über die Förderung der Beratung zur sparsamen und rationellen Energieverwendung in Wohngebäuden vor Ort vom 7. September 2006 (BAnz. S. 6379) als Antragsberechtigte beim Bundesamt für Wirtschaft und Ausfuhrkontrolle registriert worden sind.

(5) Zur Ausstellung von Energieausweisen für bestehende Wohngebäude nach § 16 Abs. 2 und von Modernisierungsempfehlungen nach § 20 sind ergänzend zu § 21 auch Personen berechtigt, die am 25. April 2007 über eine abgeschlossene Berufsausbildung im Baustoff-Fachhandel oder in der Baustoffindustrie und eine erfolgreich abgeschlossene Weiterbildung zum Energiefachberater im Baustoff-Fachhandel oder in der Baustoffindustrie verfügt haben. Satz 1 gilt entsprechend für Personen, die eine solche Weiterbildung vor dem 25. April 2007 begonnen haben, nach erfolgreichem Abschluss der Weiterbildung.

(6) Zur Ausstellung von Energieausweisen für bestehende Wohngebäude nach § 16 Abs. 2 und von Modernisierungsempfehlungen nach § 20 sind ergänzend zu § 21 auch Personen berechtigt, die am 25. April 2007 über eine abgeschlossene Weiterbildung zum Energieberater des Handwerks verfügt haben. Satz 1 gilt entsprechend für Personen, die eine solche Weiterbildung vor dem 25. April 2007 begonnen haben, nach erfolgreichem Abschluss der Weiterbildung.

§ 30

– aufgehoben –

§ 31

Inkrafttreten, Außerkrafttreten[1])

Diese Verordnung tritt am 1. Oktober 2007 in Kraft. Gleichzeitig tritt die Energieeinsparverordnung in der Fassung der Bekanntmachung vom 2. Dezember 2004 (BGBl. I S. 3146) außer Kraft.

1) **Anm. d. Red.:** § 31 betrifft das ursprüngliche Inkrafttreten. Die Änderungen 2009 traten zum 1.10.2009 in Kraft.

Anlage 1
(zu den §§ 3 und 9)

Anforderungen an Wohngebäude

1 Höchstwerte des Jahres-Primärenergiebedarfs und des spezifischen Transmissionswärmeverlusts für zu errichtende Wohngebäude (zu § 3 Absatz 1 und 2)

1.1 Höchstwerte des Jahres-Primärenergiebedarfs

Der Höchstwert des Jahres-Primärenergiebedarfs eines zu errichtenden Wohngebäudes ist der auf die Gebäudenutzfläche bezogene, nach einem der in Nr. 2.1 angegebenen Verfahren berechnete Jahres-Primärenergiebedarf eines Referenzgebäudes gleicher Geometrie, Gebäudenutzfläche und Ausrichtung wie das zu errichtende Wohngebäude, das hinsichtlich seiner Ausführung den Vorgaben der Tabelle 1 entspricht.

Soweit in dem zu errichtenden Wohngebäude eine elektrische Warmwasserbereitung ausgeführt wird, darf diese anstelle von Tabelle 1 Zeile 6 als wohnungszentrale Anlage ohne Speicher gemäß den in Tabelle 5.1-3 der DIN V 4701-10 : 2003-08, geändert durch A1 : 2006-12, gegebenen Randbedingungen berücksichtigt werden. Der sich daraus ergebende Höchstwert des Jahres-Primärenergiebedarfs ist in Fällen des Satzes 2 um 10,9 kWh/(m²··a) zu verringern; dies gilt nicht bei Durchführung von Maßnahmen zur Einsparung von Energie nach § 7 Nummer 2 in Verbindung mit Nummer VI.1 der Anlage des Erneuerbare-Energien-Wärmegesetzes.

Tabelle 1 Ausführung des Referenzgebäudes

Zeile	Bauteil/System	Referenzausführung/Wert (Maßeinheit)	
		Eigenschaft (zu Zeilen 1.1 bis 3)	
1.1	Außenwand, Geschossdecke gegen Außenluft	Wärmedurchgangskoeffizient	U = 0,28 W/(m²·K)
1.2	Außenwand gegen Erdreich, Bodenplatte, Wände und Decken zu unbeheizten Räumen (außer solche nach Zeile 1.1)	Wärmedurchgangskoeffizient	U = 0,35 W/(m²·K)

Zeile	Bauteil/System	Referenzausführung/Wert (Maßeinheit)	
		Eigenschaft (zu Zeilen 1.1 bis 3)	
1.3	Dach, oberste Geschossdecke, Wände zu Abseiten	Wärmedurchgangskoeffizient	$U = 0{,}20\ W/(m^2 \cdot K)$
1.4	Fenster, Fenstertüren	Wärmedurchgangskoeffizient	$U_w = 1{,}30\ W/(m^2 \cdot K)$
		Gesamtenergiedurchlassgrad der Verglasung	$g_\perp = 0{,}60$
1.5	Dachflächenfenster	Wärmedurchgangskoeffizient	$U_w = 1{,}40\ W/(m^2 \cdot K)$
		Gesamtenergiedurchlassgrad der Verglasung	$g_\perp = 0{,}60$
1.6	Lichtkuppeln	Wärmedurchgangskoeffizient	$U_w = 2{,}70\ W/(m^2 \cdot K)$
		Gesamtenergiedurchlassgrad der Verglasung	$g_\perp = 0{,}64$
1.7	Außentüren	Wärmedurchgangskoeffizient	$U = 1{,}80\ W/(m^2 \cdot K)$
2	Bauteile nach den Zeilen 1.1 bis 1.7	Wärmebrückenzuschlag	$\Delta U_{WB} = 0{,}05\ W/(m^2 \cdot K)$
3	Luftdichtheit der Gebäudehülle	Bemessungswert n_{50}	Bei Berechnung nach • DIN V 4108-6:2003-06: mit Dichtheitsprüfung • DIN V 18599-2:2007-02: nach Kategorie I
4	Sonnenschutzvorrichtung	keine Sonnenschutzvorrichtung	

Zeile	Bauteil/System	Referenzausführung/Wert (Maßeinheit)	
		Eigenschaft (zu Zeilen 1.1 bis 3)	
5	Heizungsanlage	• Wärmeerzeugung durch Brennwertkessel (verbessert), Heizöl EL, Aufstellung: – für Gebäude bis zu 2 Wohneinheiten innerhalb der thermischen Hülle – für Gebäude mit mehr als 2 Wohneinheiten außerhalb der thermischen Hülle • Auslegungstemperatur 55/45 °C, zentrales Verteilsystem innerhalb der wärmeübertragenden Umfassungsfläche, innen liegende Stränge und Anbindeleitungen, Pumpe auf Bedarf ausgelegt (geregelt, Δp konstant), Rohrnetz hydraulisch abgeglichen, Wärmedämmung der Rohrleitungen nach Anlage 5 • Wärmeübergabe mit freien statischen Heizflächen, Anordnung an normaler Außenwand, Thermostatventile mit Proportionalbereich 1 K	
6	Anlage zur Warmwasserbereitung	• zentrale Warmwasserbereitung • gemeinsame Wärmebereitung mit Heizungsanlage nach Zeile 5 • Solaranlage (Kombisystem mit Flachkollektor) entsprechend den Vorgaben nach DIN V 4701-10:2003-08 oder DIN V 18599-5:2007-02 • Speicher, indirekt beheizt (stehend), gleiche Aufstellung wie Wärmeerzeuger, Auslegung nach DIN V 4701-10:2003-08 oder DIN V 18599-5:2007-02 als – kleine Solaranlage bei $A_N < 500\ m^2$ (bivalenter Solarspeicher) – große Solaranlage bei $A_N \geq 500\ m^2$ • Verteilsystem innerhalb der wärmeübertragenden Umfassungsfläche, innen liegende Stränge, gemeinsame Installationswand, Wärmedämmung der Rohrleitungen nach Anlage 5, mit Zirkulation, Pumpe auf Bedarf ausgelegt (geregelt, Δp konstant)	
7	Kühlung	keine Kühlung	
8	Lüftung	zentrale Abluftanlage, bedarfsgeführt mit geregeltem DC-Ventilator	

1.2 Höchstwerte des spezifischen, auf die wärmeübertragende Umfassungsfläche bezogenen Transmissionswärmeverlusts

Der spezifische, auf die wärmeübertragende Umfassungsfläche bezogene Transmissionswärmeverlust eines zu errichtenden Wohngebäudes darf die in Tabelle 2 angegebenen Höchstwerte nicht überschreiten.

Tabelle 2 Höchstwerte des spezifischen, auf die wärmeübertragende Umfassungsfläche bezogenen Transmissionswärmeverlusts

Zeile	Gebäudetyp		Höchstwert des spezifischen Transmissionswärmeverlusts
1	Freistehendes Wohngebäude	mit $A_N \leq 350$ m²	$H'_T = 0{,}40$ W/(m²·K)
		mit $A_N > 350$ m²	$H'_T = 0{,}50$ W/(m²·K)
2	Einseitig angebautes Wohngebäude		$H'_T = 0{,}45$ W/(m²·K)
3	Alle anderen Wohngebäude		$H'_T = 0{,}65$ W/(m²·K)
4	Erweiterungen und Ausbauten von Wohngebäuden gemäß § 9 Absatz 5		$H'_T = 0{,}65$ W/(m²·K)

1.3 Definition der Bezugsgrößen

1.3.1 Die wärmeübertragende Umfassungsfläche A eines Wohngebäudes in m² ist nach Anhang B der DIN EN ISO 13789 : 1999-10, Fall „Außenabmessung“, zu ermitteln. Die zu berücksichtigenden Flächen sind die äußere Begrenzung einer abgeschlossenen beheizten Zone. Außerdem ist die wärmeübertragende Umfassungsfläche A so festzulegen, dass ein in DIN V 18599-1 : 2007-02 oder in DIN EN 832 : 2003-06 beschriebenes Ein-Zonen-Modell entsteht, das mindestens die beheizten Räume einschließt.

1.3.2 Das beheizte Gebäudevolumen V_e in m³ ist das Volumen, das von der nach Nr. 1.3.1 ermittelten wärmeübertragenden Umfassungsfläche A umschlossen wird.

1.3.3 Die Gebäudenutzfläche A_N in m² wird bei Wohngebäuden wie folgt ermittelt:

$$A_N = 0{,}32\ m^{-1} \cdot V_e$$

mit A_N Gebäudenutzfläche in m²

V_e beheiztes Gebäudevolumen in m³.

Beträgt die durchschnittliche Geschosshöhe hG eines Wohngebäudes, gemessen von der Oberfläche des Fußbodens zur Oberfläche des Fußbodens des darüber liegenden Geschosses, mehr als 3 m oder weniger als 2,5 m, so ist die Gebäudenutzfläche A_N abweichend von Satz 1 wie folgt zu ermitteln:

$$A_N = \left(\frac{1}{h_G} - 0{,}04\ m^{-1}\right) \cdot V_e$$

mit A_N Gebäudenutzfläche in m^2

h_G Geschossdeckenhöhe in m

V_e beheiztes Gebäudevolumen in m^3.

2 Berechnungsverfahren für Wohngebäude (zu § 3 Absatz 3, § 9 Absatz 2 und 5)

2.1 Berechnung des Jahres-Primärenergiebedarfs

2.1.1 Der Jahres-Primärenergiebedarf Q_p ist nach DIN V 18599 : 2007-02 für Wohngebäude zu ermitteln. Als Primärenergiefaktoren sind die Werte für den nicht erneuerbaren Anteil nach DIN V 18599-1 : 2007-02 zu verwenden. Dabei sind für flüssige Biomasse der Wert für den nicht erneuerbaren Anteil „Heizöl EL“ und für gasförmige Biomasse der Wert für den nicht erneuerbaren Anteil „Erdgas H“ zu verwenden. Für flüssige oder gasförmige Biomasse im Sinne des § 2 Absatz 1 Nummer 4 des Erneuerbare-Energien-Wärmegesetzes kann für den nicht erneuerbaren Anteil der Wert 0,5 verwendet werden, wenn die flüssige oder gasförmige Biomasse im unmittelbaren räumlichen Zusammenhang mit dem Gebäude erzeugt wird. Satz 4 ist entsprechend auf Gebäude anzuwenden, die im räumlichen Zusammenhang zueinander stehen und unmittelbar gemeinsam mit flüssiger oder gasförmiger Biomasse im Sinne des § 2 Absatz 1 Nummer 4 des Erneuerbare-Energien-Wärmegesetzes versorgt werden. Für elektrischen Strom ist abweichend von Satz 2 als Primärenergiefaktor für den nicht erneuerbaren Anteil der Wert 2,6 zu verwenden. Bei der Berechnung des Jahres-Primärenergiebedarfs des Referenzwohngebäudes und des Wohngebäudes sind die in Tabelle 3 genannten Randbedingungen zu verwenden.

Tabelle 3 Randbedingungen für die Berechnung des Jahres-Primärenergiebedarfs

Zeile	Kenngröße	Randbedingungen
1	Verschattungsfaktor F_S	$F_S = 0{,}9$ soweit die baulichen Bedingungen nicht detailliert berücksichtigt werden.
2	Solare Wärmegewinne über opake Bauteile	– Emissionsgrad der Außenfläche für Wärmestrahlung: $\varepsilon = 0{,}8$ – Strahlungsabsorptionsgrad an opaken Oberflächen: $\alpha = 0{,}5$ für dunkle Dächer kann abweichend angenommen werden. $\alpha = 0{,}8$

2.1.2 Alternativ zu Nr. 2.1.1 kann der Jahres-Primärenergiebedarf Q_p für Wohngebäude nach DIN EN 832 : 2003-06 in Verbindung mit DIN V 4108-6 : 2003-06[1]) und DIN V 4701-10 : 2003-08, geändert durch A1 : 2006-12, ermittelt werden; § 23 Absatz 3 bleibt unberührt. Als Primärenergiefaktoren sind die Werte für den nicht erneuerbaren Anteil nach DIN V 4701-10 : 2003-08, geändert durch A1 : 2006-12, zu verwenden. Nummer 2.1.1 Satz 3 bis 6 ist entsprechend anzuwenden. Der in diesem Rechengang zu bestimmende Jahres-Heizwärmebedarf Q_h ist nach dem Monatsbilanzverfahren nach DIN EN 832 : 2003-06 mit den in DIN V 4108-6 : 2003-06[1]) Anhang D.3 genannten Randbedingungen zu ermitteln. In DIN V 4108-6 : 2003-06[1]) angegebene Vereinfachungen für den Berechnungsgang nach DIN EN 832 : 2003-06 dürfen angewendet werden. Zur Berücksichtigung von Lüftungsanlagen mit Wärmerückgewinnung sind die methodischen Hinweise unter Nr. 4.1 der DIN V 4701-10 : 2003-08, geändert durch A1 : 2006-12, zu beachten.

2.1.3 Werden in Wohngebäude bauliche oder anlagentechnische Komponenten eingesetzt, für deren energetische Bewertung keine anerkannten Regeln der Technik oder gemäß § 9 Absatz 2 Satz 2 Halbsatz 3 bekannt gemachte gesicherte Erfahrungswerte vorliegen, so sind hierfür Komponenten anzusetzen, die ähnliche energetische Eigenschaften aufweisen.

2.2 Berücksichtigung der Warmwasserbereitung

Bei Wohngebäuden ist der Energiebedarf für Warmwasser in der Berechnung des Jahres-Primärenergiebedarfs wie folgt zu berücksichtigen:

---

1) Geändert durch DIN V 4108-6 Berichtigung 1 2004-03.

a) Bei der Berechnung gemäß Nr. 2.1.1 ist der Nutzenergiebedarf für Warmwasser nach Tabelle 3 der DIN V 18599-10:2007-02 anzusetzen.

b) Bei der Berechnung gemäß Nr. 2.1.2 ist der Nutzwärmebedarf für die Warmwasserbereitung Q_W im Sinne von DIN V 4701-10:2003-08, geändert durch A1:2006-12, mit 12,5 kWh/(m²·a) anzusetzen.

2.3 Berechnung des spezifischen Transmissionswärmeverlusts

Der spezifische, auf die wärmeübertragende Umfassungsfläche bezogene Transmissionswärmeverlust H'_T in W/(m²·K) ist wie folgt zu ermitteln:

$$H'_T = \frac{H_T}{A} \text{ in W/(m}^2\cdot\text{K)}$$

mit

H_T nach DIN EN 832 : 2003-06 mit den in DIN V 4108-6:2003-06[1]) Anhang D genannten Randbedingungen berechneter Transmissionswärmeverlust in W/K. In DIN V 4108-6:2003-06[1]) angegebene Vereinfachungen für den Berechnungsgang nach DIN EN 832:2003-06 dürfen angewendet werden;

A wärmeübertragende Umfassungsfläche nach Nr. 1.3.1 in m².

2.4 Beheiztes Luftvolumen

Bei der Berechnung des Jahres-Primärenergiebedarfs nach Nr. 2.1.1 ist das beheizte Luftvolumen V in m³ gemäß DIN V 18599-1:2007-02, bei der Berechnung nach Nr. 2.1.2 gemäß DIN EN 832:2003-06 zu ermitteln. Vereinfacht darf es wie folgt berechnet werden:

- $V = 0{,}76 \cdot V_e$ in m³ bei Wohngebäuden bis zu drei Vollgeschossen
- $V = 0{,}80 \cdot V_e$ in m³ in den übrigen Fällen

mit V_e beheiztes Gebäudevolumen nach Nr. 1.3.2 in m³.

2.5 Ermittlung der solaren Wärmegewinne bei Fertighäusern und vergleichbaren Gebäuden

Werden Gebäude nach Plänen errichtet, die für mehrere Gebäude an verschiedenen Standorten erstellt worden sind, dürfen bei der Berechnung die solaren Gewinne so ermittelt werden, als wären alle Fenster dieser Gebäude nach Osten oder Westen orientiert.

1) Geändert durch DIN V 4108-6 Berichtigung 1 2004-03.

2.6 Aneinandergereihte Bebauung

Bei der Berechnung von aneinandergereihten Gebäuden werden Gebäudetrennwände

a) zwischen Gebäuden, die nach ihrem Verwendungszweck auf Innentemperaturen von mindestens 19 Grad Celsius beheizt werden, als nicht wärmedurchlässig angenommen und bei der Ermittlung der wärmeübertragenden Umfassungsfläche A nicht berücksichtigt,

b) zwischen Wohngebäuden und Gebäuden, die nach ihrem Verwendungszweck auf Innentemperaturen von mindestens 12 Grad Celsius und weniger als 19 Grad Celsius beheizt werden, bei der Berechnung des Wärmedurchgangskoeffizienten mit einem Temperatur-Korrekturfaktor F_{nb} nach DIN V 18599-2 : 2007-02 oder nach DIN V 4108-6 : 2003-06[1]) gewichtet und

c) zwischen Wohngebäuden und Gebäuden mit wesentlich niedrigeren Innentemperaturen im Sinne von DIN 4108-2 : 2003-07 bei der Berechnung des Wärmedurchgangskoeffizienten mit einem Temperatur-Korrekturfaktor $F_u = 0{,}5$ gewichtet.

Werden beheizte Teile eines Gebäudes getrennt berechnet, gilt Satz 1 Buchstabe a sinngemäß für die Trennflächen zwischen den Gebäudeteilen. Werden aneinandergereihte Wohngebäude gleichzeitig erstellt, dürfen sie hinsichtlich der Anforderungen des § 3 wie ein Gebäude behandelt werden. Die Vorschriften des Abschnitts 5 bleiben unberührt.

2.7 Anrechnung mechanisch betriebener Lüftungsanlagen

Im Rahmen der Berechnung nach Nr. 2 ist bei mechanischen Lüftungsanlagen die Anrechnung der Wärmerückgewinnung oder einer regelungstechnisch verminderten Luftwechselrate nur zulässig, wenn

a) die Dichtheit des Gebäudes nach Anlage 4 Nr. 2 nachgewiesen wird und

b) der mit Hilfe der Anlage erreichte Luftwechsel § 6 Absatz 2 genügt.

Die bei der Anrechnung der Wärmerückgewinnung anzusetzenden Kennwerte der Lüftungsanlagen sind nach anerkannten Regeln der Technik zu bestimmen oder den allgemeinen bauaufsichtlichen Zulassungen der verwendeten Produkte zu entnehmen. Lüftungsanlagen

1) Geändert durch DIN V 4108-6 Berichtigung 1 2004-03.

müssen mit Einrichtungen ausgestattet sein, die eine Beeinflussung der Luftvolumenströme jeder Nutzeinheit durch den Nutzer erlauben. Es muss sichergestellt sein, dass die aus der Abluft gewonnene Wärme vorrangig vor der vom Heizsystem bereitgestellten Wärme genutzt wird.

2.8 Energiebedarf der Kühlung

Wird die Raumluft gekühlt, sind der nach DIN; V 18599-1 : 2007-02 oder der nach DIN V 4701-10 : 2003-08, geändert durch A1 : 2006-12, berechnete Jahres-Primärenergiebedarf und die Angabe für den Endenergiebedarf (elektrische Energie) im Energieausweis nach § 18 nach Maßgabe der zur Kühlung eingesetzten Technik je m² gekühlter Gebäudenutzfläche wie folgt zu erhöhen:

a) bei Einsatz von fest installierten Raumklimageräten (Split-, Multisplit- oder Kompaktgeräte) der Energieeffizienzklassen A, B oder C nach der Richtlinie 2002/31/EG der Kommission zur Durchführung der Richtlinie 92/75/EWG des Rates betreffend die Energieetikettierung für Raumklimageräte vom 22. März 2002 (ABl. L 86 vom 3.4.2002, S. 26) sowie bei Kühlung mittels Wohnungslüftungsanlagen mit reversibler Wärmepumpe
der Jahres-Primärenergiebedarf um 16,2 kWh/(m²·a) und der Endenergiebedarf um 6 kWh/(m²·a),

b) bei Einsatz von Kühlflächen im Raum in Verbindung mit Kaltwasserkreisen und elektrischer Kälteerzeugung, z. B. über reversible Wärmepumpe,
der Jahres-Primärenergiebedarf um 10,8 kWh/(m²·a) und der Endenergiebedarf um 4 kWh/(m²·a),

c) bei Deckung des Energiebedarfs für Kühlung aus erneuerbaren Wärmesenken (wie Erdsonden, Erdkollektoren, Zisternen)
der Jahres-Primärenergiebedarf um 2,7 Wh/(m²·a) und der Endenergiebedarf um 1 kWh/(m²·a),

d) bei Einsatz von Geräten, die nicht unter den Buchstaben a bis c aufgeführt sind,
der Jahres-Primärenergiebedarf um 18,9 kWh/(m²·a) und der Endenergiebedarf um 7 kWh/(m²·a).

3 Sommerlicher Wärmeschutz (zu § 3 Absatz 4)

3.1 Als höchstzulässige Sonneneintragskennwerte nach § 3 Absatz 4 sind die in DIN 4108-2 : 2003-07 Abschnitt 8 festgelegten Werte einzuhalten.

3.2 Der Sonneneintragskennwert ist nach dem in DIN 4108-2 : 2003-07 Abschnitt 8 genannten Verfahren zu bestimmen. Wird zur Berechnung nach Satz 1 ein ingenieurmäßiges Verfahren (Simulationsrechnung) angewendet, so sind abweichend von DIN 4108-2 : 2003-07 Randbedingungen zu beachten, die die aktuellen klimatischen Verhältnisse am Standort des Gebäudes hinreichend gut wiedergeben.

Anlage 2
(zu den §§ 4 und 9)

Anforderungen an Nichtwohngebäude

1 Höchstwerte des Jahres-Primärenergiebedarfs und der Wärmedurchgangskoeffizienten für zu errichtende Nichtwohngebäude (zu § 4 Absatz 1 und 2)

1.1 Höchstwerte des Jahres-Primärenergiebedarfs

1.1.1 Der Höchstwert des Jahres-Primärenergiebedarfs eines zu errichtenden Nichtwohngebäudes ist der auf die Nettogrundfläche bezogene, nach dem in Nr. 2 oder 3 angegebenen Verfahren berechnete Jahres-Primärenergiebedarf eines Referenzgebäudes gleicher Geometrie, Nettogrundfläche, Ausrichtung und Nutzung wie das zu errichtende Nichtwohngebäude, das hinsichtlich seiner Ausführung den Vorgaben der Tabelle 1 entspricht. Die Unterteilung hinsichtlich der Nutzung sowie der verwendeten Berechnungsverfahren und Randbedingungen muss beim Referenzgebäude mit der des zu errichtenden Gebäudes übereinstimmen; bei der Unterteilung hinsichtlich der anlagentechnischen Ausstattung und der Tageslichtversorgung sind Unterschiede zulässig, die durch die technische Ausführung des zu errichtenden Gebäudes bedingt sind.

1.1.2 Die Ausführungen zu den Zeilen Nr. 1.13 bis 7 der Tabelle 1 sind beim Referenzgebäude nur insoweit und in der Art zu berücksichtigen, wie beim Gebäude ausgeführt. Die dezentrale Ausführung des Warmwassersystems (Zeile 4.2 der Tabelle 1) darf darüber hinaus nur für solche Gebäudezonen berücksichtigt werden, die einen Warmwasserbedarf von höchstens 200 Wh/(m²·d) aufweisen.

Tabelle 1 Ausführung des Referenzgebäudes

Zeile	Bauteil/ System	Eigenschaft (zu Zeilen 1.1 bis 1.13)	Referenzausführung/Wert (Maßeinheit)	
			Raum-Solltemperaturen im Heizfall ≥ 19 °C	Raum-Solltemperaturen im Heizfall von 12 bis < 19 °C
1.1	Außenwand, Geschossdecke gegen Außenluft	Wärmedurchgangskoeffizient	$U = 0{,}28\ W/(m^2{\cdot}K)$	$U = 0{,}35\ W/(m^2{\cdot}K)$

Zeile	Bauteil/ System	Eigenschaft (zu Zeilen 1.1 bis 1.13)	Referenzausführung/Wert (Maßeinheit)	
			Raum-Solltemperaturen im Heizfall ≥ 19 °C	Raum-Solltemperaturen im Heizfall von 12 bis < 19 °C
1.2	Vorhangfassade (siehe auch Zeile 1.14)	Wärmedurchgangskoeffizient	U = 1,40 W/(m²·K)	U = 1,90 W/(m²·K)
		Gesamtenergiedurchlassgrad der Verglasung	$g_\perp$ = 0,48 g	$g_\perp$ = 0,60
		Lichttransmissionsgrad der Verglasung	τ_{D65} = 0,72	τ_{D65} = 0,78
1.3	Wand gegen Erdreich, Bodenplatte, Wände und Decken zu unbeheizten Räumen (außer Bauteile nach Zeile 1.4)	Wärmedurchgangskoeffizient	U = 0,35 W/(m²·K)	U = 0,35 W/(m²·K)
1.4	Dach (soweit nicht unter Zeile 1.5), oberste Geschossdecke, Wände zu Abseiten	Wärmedurchgangskoeffizient	U = 0,20 W/(m²·K)	U = 0,35 W/(m²·K)
1.5	Glasdächer	Wärmedurchgangskoeffizient	U_W = 2,70 W/(m²·K)	U_W = 2,70 W/(m²·K)
		Gesamtenergiedurchlassgrad der Verglasung	$g_\perp$ = 0,63 g	$g_\perp$ = 0,63
		Lichttransmissionsgrad der Verglasung	τ_{D65} = 0,76	τ_{D65} = 0,76

Zeile	Bauteil/ System	Eigenschaft (zu Zeilen 1.1 bis 1.13)	Referenzausführung/Wert (Maßeinheit)	
			Raum-Solltemperaturen im Heizfall ≥ 19 °C	Raum-Solltemperaturen im Heizfall von 12 bis < 19 °C
1.6	Lichtbänder	Wärmedurchgangskoeffizient	$U_W = 2{,}4\ W/(m^2{\cdot}K)$	$U_W = 2{,}4\ W/(m^2{\cdot}K)$
		Gesamtenergiedurchlassgrad der Verglasung	$g_\perp = 0{,}55\, g$	$g_\perp = 0{,}55$
		Lichttransmissionsgrad der Verglasung	$\tau_{D65} = 0{,}48$	$\tau_{D65} = 0{,}48$
1.7	Lichtkuppeln	Wärmedurchgangskoeffizient	$U_W = 2{,}70\ W/(m^2{\cdot}K)$	$U_W = 2{,}70\ W/(m^2{\cdot}K)$
		Gesamtenergiedurchlassgrad der Verglasung	$g_\perp = 0{,}64\, g$	$g_\perp = 0{,}64$
		Lichttransmissionsgrad der Verglasung	$\tau_{D65} = 0{,}59$	$\tau_{D65} = 0{,}59$
1.8	Fenster, Fenstertüren (siehe auch Zeile 1.14)	Wärmedurchgangskoeffizient	$U_W = 1{,}30\ W/(m^2{\cdot}K)$	$U_W = 1{,}90\ W/(m^2{\cdot}K)$
		Gesamtenergiedurchlassgrad der Verglasung	$g_\perp = 0{,}60\, g$	$g_\perp = 0{,}60$
		Lichttransmissionsgrad der Verglasung	$\tau_{D65} = 0{,}78$	$\tau_{D65} = 0{,}78$

Zeile	Bauteil/ System	Eigenschaft (zu Zeilen 1.1 bis 1.13)	Referenzausführung/Wert (Maßeinheit)	
			Raum-Solltemperaturen im Heizfall $\geq$ 19 °C	Raum-Solltemperaturen im Heizfall von 12 bis $<$ 19 °C
1.9	Dachflächenfenster (siehe auch Zeile 1.14)	Wärmedurchgangskoeffizient	U_W = 1,40 W/(m²·K)	U_W = 1,90 W/(m²·K)
		Gesamtenergiedurchlassgrad der Verglasung	$g_{\perp}$ = 0,60 g	$g_{\perp}$ = 0,60
		Lichttransmissionsgrad der Verglasung	τ_{D65} = 0,78	τ_{D65} = 0,78
1.10	Außentüren	Wärmedurchgangskoeffizient	U = 1,80 W/(m²·K)	U = 2,90 W/(m²·K)
1.11	Bauteile in Zeilen 1.1 und 1.3 bis 1.10	Wärmebrückenzuschlag	ΔU_{WB} = 0,05 W/(m²·K)	ΔU_{WB} = 0,1 W/(m²·K)
1.12	Gebäudedichtheit	Bemessungswert n_{50}	Kategorie I (nach Tabelle 4 der DIN V 18599-2:2007-02)	Kategorie I (nach Tabelle 4 der DIN V 18599-2:2007-02)
1.13	Tageslichtversorgung bei Sonnen- und/ oder Blendschutz	Tageslichtversorgungsfaktor $C_{TL,Vers,SA}$ nach DIN V 18599-4:2007-02	• kein Sonnen- oder Blendschutz vorhanden: 0,70 • Blendschutz vorhanden: 0,15	
1.14	Sonnenschutzvorrichtung	Für das Referenzgebäude ist die tatsächliche Sonnenschutzvorrichtung des zu errichtenden Gebäudes anzunehmen; sie ergibt sich ggf. aus den Anforderungen zum sommerlichen Wärmeschutz nach Nr. 4. Soweit hierfür Sonnenschutzverglasung zum Einsatz kommt, sind für diese Verglasung folgende Kennwerte anzusetzen: • anstelle der Werte der Zeile 1.2 – Gesamtenergiedurchlassgrad der Verglasung $g_{\perp}$ — $g_{\perp}$ = 0,35 – Lichttransmissionsgrad der Verglasung τ_{D65} — τ_{D65} = 0,58		

<table>
<tr><th rowspan="2">Zeile</th><th rowspan="2">Bauteil/
System</th><th rowspan="2">Eigenschaft
(zu Zeilen 1.1
bis 1.13)</th><th colspan="2">Referenzausführung/Wert
(Maßeinheit)</th></tr>
<tr><th>Raum-Solltemperaturen im Heizfall
≥ 19 °C</th><th>Raum-Solltemperaturen im Heizfall
von 12 bis < 19 °C</th></tr>
<tr><td></td><td></td><td colspan="3">• anstelle der Werte der Zeilen 1.8 und 1.9:
– Gesamtenergiedurchlassgrad der Verglasung $g_{\perp}$ — $g_{\perp} = 0{,}35$
– Lichttransmissionsgrad der Verglasung τ_{D65} — $\tau_{D65} = 0{,}62$</td></tr>
<tr><td>2.1</td><td>Beleuchtungsart</td><td colspan="3">– in Zonen der Nutzungen 6 und 7*): wie beim ausgeführten Gebäude
– ansonsten: direkt/indirekt
jeweils mit elektronischem Vorschaltgerät und stabförmiger Leuchtstofflampe</td></tr>
<tr><td>2.2</td><td>Regelung der Beleuchtung</td><td colspan="3">Präsenzkontrolle:
– in Zonen der Nutzungen 4, 15 bis 19, 21 und 31*) — mit Präsenzmelder
– ansonsten — manuell
tageslichtabhängige Kontrolle: — manuell
Konstantlichtregelung (siehe Tabelle 3 Zeile 6)
– in Zonen der Nutzungen 1 bis 3, 8 bis 10, 28, 29 und 31*): — vorhanden
– ansonsten — keine</td></tr>
<tr><td>3.1</td><td>Heizung (Raumhöhen ≤ 4 m)
– Wärmeerzeuger</td><td colspan="3">Brennwertkessel „verbessert“ nach DIN V 18599-5 : 2007-02, Gebläsebrenner, Heizöl EL, Aufstellung außerhalb der thermischen Hülle, Wasserinhalt > 0,15 l/kW</td></tr>
</table>

<table>
<tr><th rowspan="2">Zeile</th><th rowspan="2">Bauteil/
System</th><th rowspan="2">Eigenschaft
(zu Zeilen 1.1
bis 1.13)</th><th colspan="2">Referenzausführung/Wert
(Maßeinheit)</th></tr>
<tr><th>Raum-Solltemperaturen im Heizfall
≥ 19 °C</th><th>Raum-Solltemperaturen im Heizfall
von 12 bis < 19 °C</th></tr>
<tr><td>3.2</td><td>Heizung
(Raumhöhen
≤ 4 m)
– Wärmeverteilung</td><td colspan="3">– bei statischer Heizung und Umluftheizung (dezentrale Nachheizung in RLT-Anlage):
Zweirohrnetz, außen liegende Verteilleitungen im unbeheizten Bereich, innen liegende Steigstränge, innen liegende Anbindeleitungen, Systemtemperatur 55/45 °C, hydraulisch abgeglichen, Δp konstant, Pumpe auf Bedarf ausgelegt, Pumpe mit intermittierendem Betrieb, keine Überströmventile, für den Referenzfall sind die Rohrleitungslänge mit 70 vom Hundert der Standardwerte und die Umgebungstemperaturen gemäß den Standardwerten nach DIN V 18599-5:2007-02 zu ermitteln.
– bei zentralem RLT-Gerät:
Zweirohrnetz, Systemtemperatur 70/55 °C, hydraulisch abgeglichen, Δp konstant, Pumpe auf Bedarf ausgelegt, für den Referenzfall sind die Rohrleitungslänge und die Lage der Rohrleitungen wie beim zu errichtenden Gebäude anzunehmen.</td></tr>
<tr><td>3.3</td><td>Heizung
(Raumhöhen
≤ 4 m)
– Wärmeübergabe</td><td colspan="3">– bei statischer Heizung:
freie Heizflächen an der Außenwand mit Glasfläche mit Strahlungsschutz, P-Regler (1K), keine Hilfsenergie
– bei Umluftheizung (dezentrale Nachheizung in RLT-Anlage):
Regelgröße Raumtemperatur, hohe Regelgüte.</td></tr>
<tr><td>3.4</td><td>Heizung
(Raumhöhen
> 4 m)</td><td colspan="3">Heizsystem:
Warmluftheizung mit normalem Induktionsverhältnis, Luftauslass seitlich, P-Regler (1K) (nach DIN V 18599-5:2007-02)</td></tr>
</table>

<table>
<tr><th rowspan="2">Zeile</th><th rowspan="2">Bauteil/ System</th><th rowspan="2">Eigenschaft (zu Zeilen 1.1 bis 1.13)</th><th colspan="2">Referenzausführung/Wert (Maßeinheit)</th></tr>
<tr><th>Raum-Solltemperaturen im Heizfall ≥ 19 °C</th><th>Raum-Solltemperaturen im Heizfall von 12 bis < 19 °C</th></tr>
<tr><td>4.1</td><td>Warmwasser
– zentrales System</td><td colspan="3">Wärmeerzeuger:
Solaranlage nach DIN V 18599-8:2007-02 Nr. 6.4.1, mit
– Flachkollektor: $A_c = 0{,}09 \cdot (1{,}5 \cdot A_{NGF})^{0{,}8}$
– Volumen des (untenliegenden) Solarteils des Speichers:
– $V_{s,sol} = 2 \cdot (1{,}5 \cdot A_{NGF})^{0{,}9}$
– bei $A_{NGF} > 500$ m² „große Solaranlage"
(A_{NGF}: Nettogrundfläche der mit zentralem System versorgten Zonen)
Restbedarf über den Wärmeerzeuger der Heizung
Wärmespeicherung:
indirekt beheizter Speicher (stehend), Aufstellung außerhalb der thermischen Hülle
Wärmeverteilung:
mit Zirkulation, Δp konstant, Pumpe auf Bedarf ausgelegt, für den Referenzfall sind die Rohrleitungslänge und die Lage der Rohrleitungen wie beim zu errichtenden Gebäude anzunehmen.</td></tr>
<tr><td>4.2</td><td>Warmwasser
– dezentrales System</td><td colspan="3">elektrischer Durchlauferhitzer, eine Zapfstelle und 6 m Leitungslänge pro Gerät</td></tr>
<tr><td>5.1</td><td>Raumlufttechnik
– Abluftanlage</td><td colspan="3">spezifische Leistungsaufnahme Ventilator $P_{SFP} = 1{,}0$ kW/(m³/s)</td></tr>
<tr><td>5.2</td><td>Raumlufttechnik
– Zu- und Abluftanlage ohne Nachheiz- und Kühlfunktion</td><td colspan="3">spezifische Leistungsaufnahme
– Zuluftventilator $P_{SFP} = 1{,}5$ kW/(m³/s)
– Abluftventilator $P_{SFP} = 1{,}0$ kW/(m³/s)

Zuschläge nach DIN EN 13779:2007-04 Abschnitt 6.5.2 können nur für den Fall von HEPA-Filtern, Gasfiltern oder Wärmerückführungsklassen H2 oder H1 angerechnet werden.
– Wärmerückgewinnung über Plattenwärmeübertrager (Kreuzgegenstrom)
Rückwärmzahl $\eta_t = 0{,}6$
Druckverhältniszahl $f_\varrho = 0{,}4$
Luftkanalführung: innerhalb des Gebäudes</td></tr>
</table>

Zeile	Bauteil/System	Eigenschaft (zu Zeilen 1.1 bis 1.13)	Referenzausführung/Wert (Maßeinheit)	
			Raum-Solltemperaturen im Heizfall ≥ 19 °C	Raum-Solltemperaturen im Heizfall von 12 bis < 19 °C
5.3	Raumlufttechnik – Zu- und Abluftanlage mit geregelter Luftkonditionierung	spezifische Leistungsaufnahme		
		– Zuluftventilator	P_{SFP} = 1,5 kW/(m³/s)	
		– Abluftventilator	P_{SFP} = 1,0 kW/(m³/s)	
		Zuschläge nach DIN EN 13779:2007-04 Abschnitt 6.5.2 können nur für den Fall von HEPA-Filtern, Gasfiltern oder Wärmerückführungsklassen H2 oder H1 angerechnet werden – Wärmerückgewinnung über Plattenwärmeübertrager (Kreuzgegenstrom)		
		Rückwärmzahl	η_t= 0,6	
		Zulufttemperatur	18 °C	
		Druckverhältniszahl	f_ϱ = 0,4	
		Luftkanalführung: innerhalb des Gebäudes		
5.4	Raumlufttechnik – Luftbefeuchtung	für den Referenzfall ist die Einrichtung zur Luftbefeuchtung wie beim zu errichtenden Gebäude anzunehmen		
5.5	Raumlufttechnik – Nur-Luft-Klimaanlagen	als Variabel-Volumenstrom-System ausgeführt:		
		Druckverhältniszahl	f_ϱ = 0,4	
		Luftkanalführung: innerhalb des Gebäudes		
6	Raumkühlung	– Kältesystem: Kaltwasser Fan-Coil, Brüstungsgerät		
		Kaltwassertemperatur	14/18 °C	
		– Kaltwasserkreis Raumkühlung:		
		Überströmung	10 %	

Zeile	Bauteil/ System	Eigenschaft (zu Zeilen 1.1 bis 1.13)	Referenzausführung/Wert (Maßeinheit)	
			Raum-Solltemperaturen im Heizfall ≥ 19 °C	Raum-Solltemperaturen im Heizfall von 12 bis < 19 °C
		spezifische elektrische Leistung der Verteilung hydraulisch abgeglichen, geregelte Pumpe, Pumpe hydraulisch entkoppelt, saisonale sowie Nacht- und Wochenendabschaltung		$P_{d,spez}$ = 30 W_{el}/ $kW_{Kälte}$
7	Kälteerzeugung	Erzeuger: Kolben/Scrollverdichter mehrstufig schaltbar, R134a, luftgekühlt		
		Kaltwassertemperatur:		
		– bei mehr als 5000 m² mittels Raumkühlung konditionierter Nettogrundfläche, für diesen Konditionierungsanteil		14/18 °C
		– ansonsten		6/12 °C
		Kaltwasserkreis Erzeuger inklusive RLT-Kühlung:		
		Überströmung		30 %
		spezifische elektrische Leistung der Verteilung hydraulisch abgeglichen, ungeregelte Pumpe, Pumpe hydraulisch entkoppelt, saisonale sowie Nacht- und Wochenendabschaltung, Verteilung außerhalb der konditionierten Zone.		$P_{d,spez}$ = 20 W_{el}/ $kW_{Kälte}$
		Der Primärenergiebedarf für das Kühlsystem und die Kühlfunktion der raumlufttechnischen Anlage darf für Zonen der Nutzungen 1 bis 3, 8, 10, 16 bis 20 und 31*) nur zu 50 % angerechnet werden.		

*) Nutzungen nach Tabelle 4 der DIN V 18599-10:2007-02

1.2 Flächenangaben

Bezugsfläche der energiebezogenen Angaben ist die Nettogrundfläche gemäß § 2 Nummer 15.

1.3 Höchstwerte der Wärmedurchgangskoeffizienten

Die Wärmedurchgangskoeffizienten der wärmeübertragenden Umfassungsfläche eines zu errichtenden Nichtwohngebäudes dürfen die in Tabelle 2 angegebenen Werte nicht überschreiten. Satz 1 ist auf Außentüren nicht anzuwenden.

Tabelle 2 Höchstwerte der Wärmedurchgangskoeffizienten der wärmeübertragenden Umfassungsfläche von Nichtwohngebäuden

Zeile	Bauteil	Höchstwerte der Wärmedurchgangskoeffizienten, bezogen auf den Mittelwert der jeweiligen Bauteile	
		Zonen mit Raum-Solltemperaturen im Heizfall ≥ 19 °C	Zonen mit Raum-Solltemperaturen im Heizfall von 12 bis < 19 °C
1	Opake Außenbauteile, soweit nicht in Bauteilen der Zeilen 3 und 4 enthalten	$\bar{U} = 0{,}35\ \mathrm{W/(m^2 \cdot K)}$	$\bar{U} = 0{,}50\ \mathrm{W/(m^2 \cdot K)}$
2	Transparente Außenbauteile, soweit nicht in Bauteilen der Zeilen 3 und 4 enthalten	$\bar{U} = 1{,}90\ \mathrm{W/(m^2 \cdot K)}$	$\bar{U} = 2{,}80\ \mathrm{W/(m^2 \cdot K)}$
3	Vorhangfassade	$\bar{U} = 1{,}90\ \mathrm{W/(m^2 \cdot K)}$	$\bar{U} = 3{,}00\ \mathrm{W/(m^2 \cdot K)}$
4	Glasdächer, Lichtbänder, Lichtkuppeln	$\bar{U} = 3{,}10\ \mathrm{W/(m^2 \cdot K)}$	$\bar{U} = 3{,}10\ \mathrm{W/(m^2 \cdot K)}$

2 Berechnungsverfahren für Nichtwohngebäude (zu § 4 Absatz 3 und § 9 Absatz 2 und 5)

2.1 Berechnung des Jahres-Primärenergiebedarfs

2.1.1 Der Jahres-Primärenergiebedarf Q_p für Nichtwohngebäude ist nach DIN V 18599-1 : 2007-02 zu ermitteln. Als Primärenergiefaktoren sind die Werte für den nicht erneuerbaren Anteil nach DIN V 18599-1 : 2007-02 anzusetzen. Anlage 1 Nr. 2.1.1 Satz 3 bis 6 ist entsprechend anzuwenden.

2.1.2 Als Randbedingungen zur Berechnung des Jahres-Primärenergiebedarfs sind die in den Tabellen 4 bis 8 der DIN V 18599-10 : 2007-02 aufgeführten Nutzungsrandbedingungen und Klimadaten zu verwenden. Die Nutzungen 1 und 2 nach Tabelle 4 der DIN V 18599-10 : 2007-02 dürfen zur Nutzung 1 zusammengefasst werden. Darüber hinaus brauchen Energiebedarfsanteile nur unter folgenden Voraussetzungen in die Ermittlung des Jahres-Primärenergiebedarfs einer Zone einbezogen zu werden:

a) Der Primärenergiebedarf für das Heizungssystem und die Heizfunktion der raumlufttechnischen Anlage ist zu bilanzieren, wenn die Raum-Solltemperatur des Gebäudes oder einer Gebäudezone für den Heizfall mindestens 12 Grad Celsius beträgt und eine durchschnittliche Nutzungsdauer für die Gebäudebeheizung auf Raum-Solltemperatur von mindestens vier Monaten pro Jahr vorgesehen ist.

b) Der Primärenergiebedarf für das Kühlsystem und die Kühlfunktion der raumlufttechnischen Anlage ist zu bilanzieren, wenn für das Gebäude oder eine Gebäudezone für den Kühlfall der Einsatz von Kühltechnik und eine durchschnittliche Nutzungsdauer für Gebäudekühlung auf Raum-Solltemperatur von mehr als zwei Monaten pro Jahr und mehr als zwei Stunden pro Tag vorgesehen sind.

c) Der Primärenergiebedarf für die Dampfversorgung ist zu bilanzieren, wenn für das Gebäude oder eine Gebäudezone eine solche Versorgung wegen des Einsatzes einer raumlufttechnischen Anlage nach Buchstabe b für durchschnittlich mehr als zwei Monate pro Jahr und mehr als zwei Stunden pro Tag vorgesehen ist.

d) Der Primärenergiebedarf für Warmwasser ist zu bilanzieren, wenn ein Nutzenergiebedarf für Warmwasser in Ansatz zu bringen ist und der durchschnittliche tägliche Nutzenergiebedarf für Warmwasser wenigstens 0,2 kWh pro Person und Tag oder 0,2 kWh pro Beschäftigtem und Tag beträgt.

e) Der Primärenergiebedarf für Beleuchtung ist zu bilanzieren, wenn in einem Gebäude oder einer Gebäudezone eine Beleuchtungsstärke von mindestens 75 lx erforderlich ist und eine durchschnittliche Nutzungsdauer von mehr als zwei Monaten pro Jahr und mehr als zwei Stunden pro Tag vorgesehen ist.

f) Der Primärenergiebedarf für Hilfsenergien ist zu bilanzieren, wenn er beim Heizungssystem und der Heizfunktion der raumlufttechnischen Anlage, beim Kühlsystem und der Kühlfunktion der raumlufttechnischen Anlage, bei der Dampfversorgung, bei der Warmwasseranlage und der Beleuchtung auftritt. Der Anteil des Primärenergiebedarfs für Hilfsenergien für Lüftung ist zu bilanzieren, wenn eine durchschnittliche Nutzungsdauer der Lüftungsanlage von mehr als zwei Monaten pro Jahr und mehr als zwei Stunden pro Tag vorgesehen ist.

2.1.3 Abweichend von DIN V 18599-10 : 2007-02 Tabelle 4 darf bei Zonen der Nutzungen 6 und 7 die tatsächlich auszuführende Beleuchtungsstärke angesetzt werden, jedoch für die Nutzung 6 mit nicht mehr als 1500 lx und für die Nutzung 7 mit nicht mehr als 1000 lx. Beim Referenzgebäude ist der Primärenergiebedarf für Beleuchtung mit dem Tabellenverfahren nach DIN V 18599-4 : 2007-02 zu berechnen.

2.1.4 Abweichend von DIN V 18599-2 : 2007-02 darf für opake Bauteile, die an Außenluft grenzen, ein flächengewichteter Wärmedurchgangskoeffizient für das ganze Gebäude gebildet und bei der zonenweisen Berechnung nach DIN V 18599-02 : 2007-02 verwendet werden.

2.1.5 Werden in Nichtwohngebäude bauliche oder anlagentechnische Komponenten eingesetzt, für deren energetische Bewertung keine anerkannten Regeln der Technik oder gemäß § 9 Absatz 2 Satz 2 Halbsatz 3 bekannt gemachte gesicherte Erfahrungswerte vorliegen, so sind hierfür Komponenten anzusetzen, die ähnliche energetische Eigenschaften aufweisen.

2.1.6 Bei der Berechnung des Jahres-Primärenergiebedarfs des Referenzgebäudes und des Nichtwohngebäudes sind ferner die in Tabelle 3 genannten Randbedingungen zu verwenden.

Tabelle 3 Randbedingungen für die Berechnung des Jahres-Primärenergiebedarfs

Zeile	Kenngröße	Randbedingungen
1	Verschattungsfaktor F_S	$F_S = 0,9$ soweit die baulichen Bedingungen nicht detailliert berücksichtigt werden.
2	Verbauungsindex I_V	$I_V = 0,9$ Eine genaue Ermittlung nach DIN V 18599-4 : 2007-02 ist zulässig.
3	Heizunterbrechung	– Heizsysteme in Raumhöhen ≤ 4 m: Absenkbetrieb mit Dauer gemäß den Nutzungsrandbedingungen in Tabelle 4 der DIN V 18599-10 : 2007-02 – Heizsysteme in Raumhöhen > 4 m: Abschaltbetrieb mit Dauer gemäß den Nutzungsrandbedingungen in Tabelle 4 der DIN V 18599-10 : 2007-02

Zeile	Kenngröße	Randbedingungen
4	Solare Wärmegewinne über opake Bauteile	– Emissionsgrad der Außenfläche für Wärmestrahlung: $\varepsilon = 0{,}8$ – Strahlungsabsorptionsgrad an opaken Oberflächen: $\alpha = 0{,}5$ für dunkle Dächer kann abweichend angenommen werden. $\alpha = 0{,}8$
5	Wartungsfaktor der Beleuchtung	Der Wartungsfaktor WF ist wie folgt anzusetzen: – in Zonen der Nutzungen 14, 15 und 22*) mit 0,6 – ansonsten mit 0,8 Dementsprechend ist der Energiebedarf für einen Berechnungsbereich im Tabellenverfahren nach DIN V 18599-4:2007-02 Nr. 5.4.1 Gleichung (10) mit dem folgenden Faktor zu multiplizieren: – für die Nutzungen 14, 15 und 22*) mit 1,12 – ansonsten mit 0,84.
6	Berücksichtigung von Konstantlichtregelung	Bei Einsatz einer Konstantlichtregelung ist der Energiebedarf für einen Berechnungsbereich nach DIN V 18599-4:2007-02 Nr. 5.1 Gleichung (2) mit dem folgenden Faktor zu multiplizieren: – für die Nutzungen 14,15 und 22*) mit 0,8 – ansonsten mit 0,9.

*) Nutzungen nach Tabelle 4 der DIN V 18599-10:2007-02

2.2 Zonierung

2.2.1 Soweit sich bei einem Gebäude Flächen hinsichtlich ihrer Nutzung, ihrer technischen Ausstattung, ihrer inneren Lasten oder ihrer Versorgung mit Tageslicht wesentlich unterscheiden, ist das Gebäude nach Maßgabe der DIN V 18599-1:2007-02 in Verbindung mit DIN V 18599-10:2007-02 und den Vorgaben in Nr. 1 dieser Anlage in Zonen zu unterteilen. Die Nutzungen 1 und 2 nach Tabelle 4 der DIN V 18599-10:2007-02 dürfen zur Nutzung 1 zusammengefasst werden.

2.2.2 Für Nutzungen, die nicht in DIN V 18599-10:2007-02 aufgeführt sind, kann

a) die Nutzung 17 der Tabelle 4 in DIN V 18599-10 : 2007-02 verwendet werden oder
b) eine Nutzung auf der Grundlage der DIN V 18599-10 : 2007-02 unter Anwendung gesicherten allgemeinen Wissensstandes individuell bestimmt und verwendet werden.

In Fällen des Buchstabens b sind die gewählten Angaben zu begründen und dem Nachweis beizufügen.

2.3 Berechnung des Mittelwerts des Wärmedurchgangskoeffizienten

Bei der Berechnung des Mittelwerts des jeweiligen Bauteils sind die Bauteile nach Maßgabe ihres Flächenanteils zu berücksichtigen. Die Wärmedurchgangskoeffizienten von Bauteilen gegen unbeheizte Räume oder Erdreich sind zusätzlich mit dem Faktor 0,5 zu gewichten. Bei der Berechnung des Mittelwerts der an das Erdreich angrenzenden Bodenplatten dürfen die Flächen unberücksichtigt bleiben, die mehr als 5 m vom äußeren Rand des Gebäudes entfernt sind. Die Berechnung ist für Zonen mit unterschiedlichen Raum-Solltemperaturen im Heizfall getrennt durchzuführen. Für die Bestimmung der Wärmedurchgangskoeffizienten der verwendeten Bauausführungen gelten die Fußnoten zu Anlage 3 Tabelle 1 entsprechend.

3 Vereinfachtes Berechnungsverfahren für Nichtwohngebäude (zu § 4 Absatz 3 und § 9 Absatz 2 und 5)

3.1 Zweck und Anwendungsvoraussetzungen

3.1.1 Im vereinfachten Verfahren sind die Bestimmungen der Nr. 2 nur insoweit anzuwenden, als Nr. 3 keine abweichenden Bestimmungen trifft.

3.1.2 Im vereinfachten Verfahren darf der Jahres-Primärenergiebedarf des Nichtwohngebäudes abweichend von Nr. 2.2 unter Verwendung eines Ein-Zonen-Modells ermittelt werden.

3.1.3 Das vereinfachte Verfahren gilt für

a) Bürogebäude, ggf. mit Verkaufseinrichtung, Gewerbebetrieb oder Gaststätte,
b) Gebäude des Groß- und Einzelhandels mit höchstens 1000 m² Nettogrundfläche, wenn neben der Hauptnutzung nur Büro-, Lager-, Sanitär- oder Verkehrsflächen vorhanden sind,

c) Gewerbebetriebe mit höchstens 1000 m^2 Nettogrundfläche, wenn neben der Hauptnutzung nur Büro-, Lager-, Sanitär- oder Verkehrsflächen vorhanden sind,

d) Schulen, Turnhallen, Kindergärten und -tagesstätten und ähnliche Einrichtungen,

e) Beherbergungsstätten ohne Schwimmhalle, Sauna oder Wellnessbereich und

f) Bibliotheken.

In Fällen des Satzes 1 kann das vereinfachte Verfahren angewendet werden, wenn

a) die Summe der Nettogrundflächen aus der Hauptnutzung gemäß Tabelle 4 Spalte 3 und den Verkehrsflächen des Gebäudes mehr als zwei Drittel der gesamten Nettogrundfläche des Gebäudes beträgt,

b) in dem Gebäude die Beheizung und die Warmwasserbereitung für alle Räume auf dieselbe Art erfolgen,

c) das Gebäude nicht gekühlt wird,

d) höchstens 10 vom Hundert der Nettogrundfläche des Gebäudes durch Glühlampen, Halogenlampen oder durch die Beleuchtungsart „indirekt" nach DIN V 18599-4 : 2007-02 beleuchtet werden und

e) außerhalb der Hauptnutzung keine raumlufttechnische Anlage eingesetzt wird, deren Werte für die spezifische Leistungsaufnahme der Ventilatoren die entsprechenden Werte in Tabelle 1 Zeilen 5.1 und 5.2 überschreiten.

Abweichend von Satz 2 Buchstabe c kann das vereinfachte Verfahren auch angewendet werden, wenn

a) nur ein Serverraum gekühlt wird und die Nennleistung des Gerätes für den Kältebedarf 12 kW nicht übersteigt oder

b) in einem Bürogebäude eine Verkaufseinrichtung, ein Gewerbebetrieb oder eine Gaststätte gekühlt wird und die Nettogrundfläche der gekühlten Räume jeweils 450 m^2 nicht übersteigt.

3.2 Besondere Randbedingungen und Maßgaben

3.2.1 Abweichend von Nr. 2.2.1 ist bei der Berechnung des Jahres-Primärenergiebedarfs die entsprechende Nutzung nach Tabelle 4 Spalte 4 zu verwenden. Der Nutzenergiebedarf für Warmwasser ist mit dem Wert aus Spalte 5 in Ansatz zu bringen.

Tabelle 4 Randbedingungen für das vereinfachte Verfahren für die Berechnungen des Jahres-Primärenergiebedarfs

Zeile	Gebäudetyp	Hauptnutzung	Nutzung (Nr. gemäß DIN V 18599-10:2007-02 Tabelle 4)	Nutzenergiebedarf Warmwasser*)
1	2	3	4	5
1	Bürogebäude	Einzelbüro (Nr. 1) Gruppenbüro (Nr. 2) Großraumbüro (Nr. 3) Besprechung, Sitzung, Seminar (Nr. 4)	Einzelbüro (Nr. 1)	0
1.1	Bürogebäude mit Verkaufseinrichtung oder Gewerbebetrieb	wie Zeile 1	Einzelbüro (Nr. 1)	0
1.2	Bürogebäude mit Gaststätte	wie Zeile 1	Einzelbüro (Nr. 1)	1,5 kWh je Sitzplatz in der Gaststätte und Tag
2	Gebäude des Groß- und Einzelhandels bis 1000 m² NGF	Groß-, Einzelhandel/ Kaufhaus	Einzelhandel/ Kaufhaus (Nr. 6)	0
3	Gewerbebetriebe bis 1000 m² NGF	Gewerbe	Werkstatt, Montage, Fertigung (Nr. 22)	1,5 kWh je Beschäftigten und Tag
4	Schule, Kindergarten und -tagesstätte, ähnliche Einrichtungen	Klassenzimmer, Aufenthaltsraum	Klassenzimmer/Gruppenraum (Nr. 8)	ohne Duschen: 85 Wh/(m²·d) mit Duschen: 250 Wh/(m²·d)
5	Turnhalle	Turnhalle	Turnhalle (Nr. 31)	1,5 kWh je Person und Tag
6	Beherbergungsstätte ohne Schwimmhalle, Sauna oder Wellnessbereich	Hotelzimmer	Hotelzimmer (Nr. 11)	250 Wh/(m²·d)
7	Bibliothek	Lesesaal, Freihandbereich	Bibliothek, Lesesaal (Nr. 28)	30 Wh/(m²·d)

*) Die flächenbezogenen Werte beziehen sich auf die gesamte Nettogrundfläche des Gebäudes.

3.2.2 Bei Anwendung der Nr. 3.1.3 sind der Höchstwert und der Referenzwert des Jahres-Primärenergiebedarfs wie folgt zu erhöhen:

a) in Fällen der Nr. 3.1.3 Satz 3 Buchstabe a pauschal um 650 $kWh/(m^2 \cdot a)$ je m^2 gekühlte Nettogrundfläche des Serverraums,

b) in Fällen der Nr. 3.1.3 Satz 3 Buchstabe b pauschal um 50 $kWh/(m^2 \cdot a)$ je m^2 gekühlte Nettogrundfläche der Verkaufseinrichtung, des Gewerbebetriebes oder der Gaststätte.

3.2.3 Der Jahres-Primärenergiebedarf für Beleuchtung darf vereinfacht für den Bereich der Hauptnutzung berechnet werden, der die geringste Tageslichtversorgung aufweist.

3.2.4 Der ermittelte Jahres-Primärenergiebedarf ist sowohl für den Höchstwert des Referenzgebäudes nach Nr. 1.1 als auch für den Höchstwert des Gebäudes um 10 vom Hundert zu erhöhen.

4 Sommerlicher Wärmeschutz (zu § 4 Absatz 4)

4.1 Als höchstzulässige Sonneneintragskennwerte nach § 4 Absatz 4 sind die in DIN 4108-2 : 2003-07 Abschnitt 8 festgelegten Werte einzuhalten.

4.2 Der Sonneneintragskennwert des zu errichtenden Nichtwohngebäudes ist für jede Gebäudezone nach dem dort genannten Verfahren zu bestimmen. Wird zur Berechnung nach Satz 1 ein ingenieurmäßiges Verfahren (Simulationsrechnung) angewendet, so sind abweichend von DIN 4108-2 : 2003-07 Randbedingungen anzuwenden, die die aktuellen klimatischen Verhältnisse am Standort des Gebäudes hinreichend gut wiedergeben.

Anlage 3
(zu den §§ 8 und 9)

Anforderungen bei Änderung von Außenbauteilen und bei Errichtung kleiner Gebäude; Randbedingungen und Maßgaben für die Bewertung bestehender Wohngebäude

1 Außenwände

Soweit bei beheizten oder gekühlten Räumen Außenwände

a) ersetzt, erstmalig eingebaut

oder in der Weise erneuert werden, dass

b) Bekleidungen in Form von Platten oder plattenartigen Bauteilen oder Verschalungen sowie Mauerwerks-Vorsatzschalen angebracht werden,

c) Dämmschichten eingebaut werden oder

d) bei einer bestehenden Wand mit einem Wärmedurchgangskoeffizienten größer 0,9 W/(m^2 · K) der Außenputz erneuert wird,

sind die jeweiligen Höchstwerte der Wärmedurchgangskoeffizienten nach Tabelle 1 Zeile 1 einzuhalten. Bei einer Kerndämmung von mehrschaligem Mauerwerk gemäß Buchstabe c gilt die Anforderung als erfüllt, wenn der bestehende Hohlraum zwischen den Schalen vollständig mit Dämmstoff ausgefüllt wird. Beim Einbau von innenraumseitigen Dämmschichten gemäß Buchstabe c gelten die Anforderungen des Satzes 1 als erfüllt, wenn der Wärmedurchgangskoeffizient des entstehenden Wandaufbaus 0,35 W/(m^2·K) nicht überschreitet. Werden bei Außenwänden in Sichtfachwerkbauweise, die der Schlagregenbeanspruchungsgruppe I nach DIN 4108-3 : 2001-06 zuzuordnen sind und in besonders geschützten Lagen liegen, Maßnahmen gemäß Buchstabe a, c oder d durchgeführt, gelten die Anforderungen gemäß Satz 1 als erfüllt, wenn der Wärmedurchgangskoeffizient des entstehenden Wandaufbaus 0,84W/(m^2·K) nicht überschreitet; im Übrigen gelten bei Wänden in Sichtfachwerkbauweise die Anforderungen nach Satz 1 nur in Fällen von Maßnahmen nach Buchstabe b. Werden Maßnahmen nach Satz 1 ausgeführt und ist die Dämmschichtdicke im Rahmen dieser Maßnahmen aus technischen Gründen begrenzt, so gelten die Anforderungen als erfüllt, wenn die nach anerkannten Regeln der Technik höchstmögliche Dämmschichtdicke (bei einem Bemessungswert der Wärmeleitfähigkeit λ = 0,040 W/(m·K)) eingebaut wird.

2 Fenster, Fenstertüren, Dachflächenfenster und Glasdächer

Soweit bei beheizten oder gekühlten Räumen außen liegende Fenster, Fenstertüren, Dachflächenfenster und Glasdächer in der Weise erneuert werden, dass

a) das gesamte Bauteil ersetzt oder erstmalig eingebaut wird,

b) zusätzliche Vor- oder Innenfenster eingebaut werden oder

c) die Verglasung ersetzt wird,

sind die Anforderungen nach Tabelle 1 Zeile 2 einzuhalten. Satz 1 gilt nicht für Schaufenster und Türanlagen aus Glas. Bei Maßnahmen gemäß Buchstabe c gilt Satz 1 nicht, wenn der vorhandene Rahmen zur Aufnahme der vorgeschriebenen Verglasung ungeeignet ist. Werden Maßnahmen nach Buchstabe c ausgeführt und ist die Glasdicke im Rahmen dieser Maßnahmen aus technischen Gründen begrenzt, so gelten die Anforderungen als erfüllt, wenn eine Verglasung mit einem Wärmedurchgangskoeffizienten von höchstens 1,30 $W/(m^2 \cdot K)$ eingebaut wird. Werden Maßnahmen nach Buchstabe c an Kasten- oder Verbundfenstern durchgeführt, so gelten die Anforderungen als erfüllt, wenn eine Glastafel mit einer infrarotreflektierenden Beschichtung mit einer Emissivität $\varepsilon_n \leq 0{,}2$ eingebaut wird. Werden bei Maßnahmen nach Satz 1

1. Schallschutzverglasungen mit einem bewerteten Schalldämmmaß der Verglasung von $R_{w,R} \geq 40$ dB nach DIN EN ISO 717-1 : 1997-01 oder einer vergleichbaren Anforderung oder
2. Isolierglas-Sonderaufbauten zur Durchschusshemmung, Durchbruchhemmung oder Sprengwirkungshemmung nach anerkannten Regeln der Technik oder
3. Isolierglas-Sonderaufbauten als Brandschutzglas mit einer Einzelelementdicke von mindestens 18 mm nach DIN 4102-13 : 1990-05 oder einer vergleichbaren Anforderung

verwendet, sind abweichend von Satz 1 die Anforderungen nach Tabelle 1 Zeile 3 einzuhalten.

3 Außentüren

Bei der Erneuerung von Außentüren dürfen nur Außentüren eingebaut werden, deren Türfläche einen Wärmedurchgangskoeffizienten von 2,9 $W/(m^2 \cdot K)$ nicht überschreitet. Nr. 2 Satz 2 bleibt unberührt.

4 Decken, Dächer und Dachschrägen

4.1 Steildächer

Soweit bei Steildächern Decken unter nicht ausgebauten Dachräumen sowie Decken und Wände (einschließlich Dachschrägen), die beheizte oder gekühlte Räume nach oben gegen die Außenluft abgrenzen,

a) ersetzt, erstmalig eingebaut

oder in der Weise erneuert werden, dass

b) die Dachhaut bzw. außenseitige Bekleidungen oder Verschalungen ersetzt oder neu aufgebaut werden,
c) innenseitige Bekleidungen oder Verschalungen aufgebracht oder erneuert werden,
d) Dämmschichten eingebaut werden,
e) zusätzliche Bekleidungen oder Dämmschichten an Wänden zum unbeheizten Dachraum eingebaut werden,

sind für die betroffenen Bauteile die Anforderungen nach Tabelle 1 Zeile 4a einzuhalten. Wird bei Maßnahmen nach Buchstabe b oder d der Wärmeschutz als Zwischensparrendämmung ausgeführt und ist die Dämmschichtdicke wegen einer innenseitigen Bekleidung oder der Sparrenhöhe begrenzt, so gilt die Anforderung als erfüllt, wenn die nach anerkannten Regeln der Technik höchstmögliche Dämmschichtdicke eingebaut wird. Die Sätze 1 und 2 gelten nur für opake Bauteile.

4.2 Flachdächer

Soweit bei beheizten oder gekühlten Räumen Flachdächer

a) ersetzt, erstmalig eingebaut

oder in der Weise erneuert werden, dass

b) die Dachhaut bzw. außenseitige Bekleidungen oder Verschalungen ersetzt oder neu aufgebaut werden,
c) innenseitige Bekleidungen oder Verschalungen aufgebracht oder erneuert werden,
d) Dämmschichten eingebaut werden,

sind die Anforderungen nach Tabelle 1 Zeile 4b einzuhalten. Werden bei der Flachdacherneuerung Gefälledächer durch die keilförmige Anordnung einer Dämmschicht aufgebaut, so ist der Wärmedurchgangskoeffizient nach DIN EN ISO 6946 : 1996-11 Anhang C zu ermitteln. Der Bemessungswert des Wärmedurchgangswiderstandes am tiefsten Punkt der neuen Dämmschicht muss den Mindestwärmeschutz nach §7 Abs. 1 gewährleisten. Werden Maßnahmen nach Satz 1 ausgeführt und ist die Dämmschichtdicke im Rahmen dieser Maßnahmen aus technischen Gründen begrenzt, so gelten die Anforderungen als erfüllt, wenn die nach anerkannten Regeln der Technik höchstmögliche Dämmschichtdicke (bei einem Bemessungswert der Wärmeleitfähigkeit $\lambda = 0{,}040\ W/(m \cdot K)$) eingebaut wird. Die Sätze 1 bis 4 gelten nur für opake Bauteile.

5 Wände und Decken gegen unbeheizte Räume, Erdreich und nach unten an Außenluft

Soweit bei beheizten Räumen Decken oder Wände, die an unbeheizte Räume, an Erdreich oder nach unten an Außenluft grenzen,

a) ersetzt, erstmalig eingebaut

oder in der Weise erneuert werden, dass

b) außenseitige Bekleidungen oder Verschalungen, Feuchtigkeitssperren oder Drainagen angebracht oder erneuert,

c) Fußbodenaufbauten auf der beheizten Seite aufgebaut oder erneuert,

d) Deckenbekleidungen auf der Kaltseite angebracht oder

e) Dämmschichten eingebaut werden,

sind die Anforderungen nach Tabelle 1 Zeile 5 einzuhalten, wenn die Änderung nicht von Nr. 4.1 erfasst wird. Werden Maßnahmen nach Satz 1 ausgeführt und ist die Dämmschichtdicke im Rahmen dieser Maßnahmen aus technischen Gründen begrenzt, so gelten die Anforderungen als erfüllt, wenn die nach anerkannten Regeln der Technik höchstmögliche Dämmschichtdicke (bei einem Bemessungswert der Wärmeleitfähigkeit $\lambda = 0{,}040\ W/(m \cdot K)$) eingebaut wird.

6 Vorhangfassaden

Soweit bei beheizten oder gekühlten Räumen Vorhangfassaden in der Weise erneuert werden, dass das gesamte Bauteil ersetzt oder erstmalig eingebaut wird, sind die Anforderungen nach Tabelle 1 Zeile 2d einzuhalten. Werden bei Maßnahmen nach Satz 1 Sonderverglasungen entsprechend Nr. 2 Satz 2 verwendet, sind abweichend von Satz 1 die Anforderungen nach Tabelle 1 Zeile 3c einzuhalten.

7 Anforderungen

Tabelle 1 Höchstwerte der Wärmedurchgangskoeffizienten bei erstmaligem Einbau, Ersatz und Erneuerung von Bauteilen

Zeile	Bauteil	Maßnahme nach	Wohngebäude und Zonen von Nichtwohngebäuden mit Innentemperaturen ≥ 19 °C	Zonen von Nichtwohngebäuden mit Innentemperaturen von 12 bis < 19 °C
			Höchstwerte der Wärmedurchgangskoeffizienten U_{max}[1])	
	1	2	3	4
1	Außenwände	Nr. 1a bis d	0,24 W/(m²·K)	0,35 W/(m²·K)
2a	Außen liegende Fenster, Fenstertüren	Nr. 2a und b	1,30 W/(m²·K)[2])	1,90 W/(m²·K)[2])
2b	Dachflächenfenster	Nr. 2a und b	1,40 W/(m²·K)[2])	1,90 W/(m²·K)[2])
2c	Verglasungen	Nr. 2c	1,10 W/(m²·K)[3])	keine Anforderung
2d	Vorhangfassaden	Nr. 6 Satz 1	1,50 W/(m²·K)[4])	1,90 W/(m²·K)[4])
2e	Glasdächer	Nr. 2a und c	2,00 W/(m²·K)[3])	2,70 W/(m²·K)[3])
3a	Außen liegende Fenster, Fenstertüren, Dachflächenfenster mit Sonderverglasungen	Nr. 2a und b	2,00 W/(m²·K)[2])	2,80 W/(m²·K)[2])
3b	Sonderverglasungen	Nr. 2c	1,60 W/(m²·K)[3])	keine Anforderung
3c	Vorhangfassaden mit Sonderverglasungen	Nr. 6 Satz 2	2,30 W/(m²·K)[4])	3,00 W/(m²·K)[4])
4a	Decken, Dächer und Dachschrägen	Nr. 4.1	0,24 W/(m²·K)	0,35 W/(m²·K)
4b	Flachdächer	Nr. 4.2	0,20 W/(m²·K)	0,35 W/(m²·K)
5a	Decken und Wände gegen unbeheizte Räume oder Erdreich	Nr. 5a, b, d und e	0,30 W/(m²·K)	keine Anforderung
5b	Fußbodenaufbauten	Nr. 5c	0,50 W/(m²·K)	keine Anforderung
5c	Decken nach unten an Außenluft	Nr. 5a bis e	0,24 W/(m²·K)	0,35 W/(m²·K)

1) Wärmedurchgangskoeffizient des Bauteils unter Berücksichtigung der neuen und der vorhandenen Bauteilschichten; für die Berechnung opaker Bauteile ist DIN EN ISO 6946 : 1996-11 zu verwenden.

2) Bemessungswert des Wärmedurchgangskoeffizienten des Fensters; der Bemessungswert des Wärmedurchgangskoeffizienten des Fensters ist technischen Produkt-Spezifikationen zu entnehmen oder gemäß den nach den Landesbauordnungen bekannt gemachten energetischen Kennwerten für Bauprodukte zu bestimmen. Hierunter fallen insbesondere energetische Kennwerte aus europäischen technischen Zulassungen sowie energetische Kennwerte der Regelungen nach der Bauregelliste A Teil 1 und auf Grund von Festlegungen in allgemeinen bauaufsichtlichen Zulassungen.

3) Bemessungswert des Wärmedurchgangskoeffizienten der Verglasung; der Bemessungswert des Wärmedurchgangskoeffizienten der Verglasung ist technischen Produkt-Spezifikationen zu entnehmen oder gemäß den nach den Landesbauordnungen bekannt gemachten energetischen Kennwerten für Bauprodukte zu bestimmen. Hierunter fallen insbesondere energetische Kennwerte aus europäischen technischen Zulassungen sowie energetische Kennwerte der Regelungen nach der Bauregelliste A Teil 1 und auf Grund von Festlegungen in allgemeinen bauaufsichtlichen Zulassungen.

4) Wärmedurchgangskoeffizient der Vorhangfassade; er ist nach anerkannten Regeln der Technik zu ermitteln.

8 Randbedingungen und Maßgaben für die Bewertung bestehender Wohngebäude (zu § 9 Absatz 2)

Die Berechnungsverfahren nach Anlage 1 Nr. 2 sind bei bestehenden Wohngebäuden mit folgenden Maßgaben anzuwenden:

8.1 Wärmebrücken sind in dem Falle, dass mehr als 50 vom Hundert der Außenwand mit einer innen liegenden Dämmschicht und einbindender Massivdecke versehen sind, durch Erhöhung der Wärmedurchgangskoeffizienten um ΔU_{WB} = 0,15 W/(m²·K) für die gesamte wärmeübertragende Umfassungsfläche zu berücksichtigen.

8.2 Die Luftwechselrate ist bei der Berechnung abweichend von DIN V 4108-6 : 2003-06[1]) Tabelle D.3 Zeile 8 bei offensichtlichen Undichtheiten, wie bei Fenstern ohne funktionstüchtige Lippendichtung oder bei beheizten Dachgeschossen mit Dachflächen ohne luftdichte Ebene, mit 1,0 h^{-1} anzusetzen.

8.3 Bei der Ermittlung der solaren Gewinne nach DIN V 18599 : 2007-02 oder DIN V 4108-6 : 200306[1]) Abschnitt 6.4.3 ist der Minderungsfaktor für den Rahmenanteil von Fenstern mit F_F = 0,6 anzusetzen.

9 *– gestrichen –*

1) Geändert durch DIN V 4108-6 Berichtigung 1 2004-03.

Anlage 4
(zu § 6)

Anforderungen an die Dichtheit und den Mindestluftwechsel

1 Anforderungen an außen liegende Fenster, Fenstertüren und Dachflächenfenster

Außen liegende Fenster, Fenstertüren und Dachflächenfenster müssen den Klassen nach Tabelle 1 entsprechen.

Tabelle 1 Klassen der Fugendurchlässigkeit von außen liegenden Fenstern, Fenstertüren und Dachflächenfenstern

Zeile	Anzahl der Vollgeschosse des Gebäudes	Klasse der Fugendurchlässigkeit nach DIN EN 12 207-1 : 2000-06
1	bis zu 2	2
2	mehr als 2	3

2 Nachweis der Dichtheit des gesamten Gebäudes

Wird bei Anwendung des § 6 Absatz 1 Satz 3 eine Überprüfung der Anforderungen nach § 6 Abs. 1 durchgeführt, darf der nach DIN EN 13 829 : 2001-02 bei einer Druckdifferenz zwischen innen und außen von 50 Pa gemessene Volumenstrom – bezogen auf das beheizte oder gekühlte Luftvolumen – bei Gebäuden

– ohne raumlufttechnische Anlagen 3,0 h^{-1} und
– mit raumlufttechnischen Anlagen 1,5 h^{-1}

nicht überschreiten.

Anlage 4a

(zu § 13 Absatz 2)

Anforderungen an die Inbetriebnahme von Heizkesseln und sonstigen Wärmeerzeugersystemen

In Fällen des § 13 Absatz 2 sind der Einbau und die Aufstellung zum Zwecke der Inbetriebnahme nur zulässig, wenn das Produkt aus Erzeugeraufwandszahl e_g und Primärenergiefaktor f_p nicht größer als 1,30 ist. Die Erzeugeraufwandszahl e_g ist nach DIN V 4701-10 : 2003-08 Tabellen C.3-4b bis C.3-4f zu bestimmen. Soweit Primärenergiefaktoren nicht unmittelbar in dieser Verordnung festgelegt sind, ist der Primärenergiefaktor f_p für den nicht erneuerbaren Anteil nach DIN V 4701-10 : 2003-08, geändert durch A1 : 2006-12, zu bestimmen. Werden Niedertemperatur-Heizkessel oder Brennwertkessel als Wärmeerzeuger in Systemen der Nahwärmeversorgung eingesetzt, gilt die Anforderung des Satzes 1 als erfüllt.

Anlage 5

(zu § 10 Absatz 2, § 14 Absatz 5 und § 15 Absatz 4)

Anforderungen an die Wärmedämmung von Rohrleitungen und Armaturen

1 In Fällen des § 10 Absatz 2 und des § 14 Absatz 5 sind die Anforderungen der Zeilen 1 bis 7 und in Fällen des § 15 Absatz 4 der Zeile 8 der Tabelle 1 einzuhalten, soweit sich nicht aus anderen Bestimmungen dieser Anlage etwas anderes ergibt.

Tabelle 1 Wärmedämmung von Wärmeverteilungs- und Warmwasserleitungen, Kälteverteilungs- und Kaltwasserleitungen sowie Armaturen

Zeile	Art der Leitungen/Armaturen	Mindestdicke der Dämmschicht, bezogen auf eine Wärmeleitfähigkeit von 0,035 W/(m·K)
1	Innendurchmesser bis 22 mm	20 mm
2	Innendurchmesser über 22 mm bis 35 mm	30 mm
3	Innendurchmesser über 35 mm bis 100 mm	gleich Innendurchmesser
4	Innendurchmesser über 100 mm	100 mm
5	Leitungen und Armaturen nach den Zeilen 1 bis 4 in Wand- und Deckendurchbrüchen, im Kreuzungsbereich von Leitungen, an Leitungsverbindungsstellen, bei zentralen Leitungsnetzverteilern	½ der Anforderungen der Zeilen 1 bis 4
6	Leitungen von Zentralheizungen nach den Zeilen 1 bis 4, die nach dem 31. Januar 2002 in Bauteilen zwischen beheizten Räumen verschiedener Nutzer verlegt werden	½ der Anforderungen der Zeilen 1 bis 4
7	Leitungen nach Zeile 6 im Fußbodenaufbau	6 mm
8	Kälteverteilungs- und Kaltwasserleitungen sowie Armaturen von Raumlufttechnik- und Klimakältesystemen	6 mm

Soweit in Fällen des § 14 Absatz 5 Wärmeverteilungs- und Warmwasserleitungen an Außenluft grenzen, sind diese mit dem Zweifachen der Mindestdicke nach Tabelle 1 Zeile 1 bis 4 zu dämmen.

2 In Fällen des § 14 Absatz 5 ist Tabelle 1 nicht anzuwenden, soweit sich Leitungen von Zentralheizungen nach den Zeilen 1 bis 4 in beheizten Räumen oder in Bauteilen zwischen beheizten Räumen eines Nutzers befinden und ihre Wärmeabgabe durch frei liegende Absperreinrichtungen beeinflusst werden kann. In Fällen des § 10 Absatz 2 und des § 14 Absatz 5 ist Tabelle 1 nicht anzuwenden auf Warmwasserleitungen bis zu einer Länge von 4 m, die weder in den Zirkulationskreislauf einbezogen noch mit elektrischer Begleitheizung ausgestattet sind (Stichleitungen).

3 Bei Materialien mit anderen Wärmeleitfähigkeiten als 0,035 W/(m·K) sind die Mindestdicken der Dämmschichten entsprechend umzurechnen. Für die Umrechnung und die Wärmeleitfähigkeit des Dämmmaterials sind die in anerkannten Regeln der Technik enthaltenen Berechnungsverfahren und Rechenwerte zu verwenden.

4 Bei Wärmeverteilungs- und Warmwasserleitungen sowie Kälteverteilungs- und Kaltwasserleitungen dürfen die Mindestdicken der Dämmschichten nach Tabelle 1 insoweit vermindert werden, als eine gleichwertige Begrenzung der Wärmeabgabe oder der Wärmeaufnahme auch bei anderen Rohrdämmstoffanordnungen und unter Berücksichtigung der Dämmwirkung der Leitungswände sichergestellt ist.

Anlage 6
(zu § 16)

Muster Energieausweis Wohngebäude

ENERGIEAUSWEIS für Wohngebäude

gemäß den §§ 16 ff. Energieeinsparverordnung (EnEV)

Gültig bis: (1)

Gebäude

Gebäude		
Gebäudetyp		Gebäudefoto (freiwillig)
Adresse		
Gebäudeteil		
Baujahr Gebäude		
Baujahr Anlagentechnik[1]		
Anzahl Wohnungen		
Gebäudenutzfläche (A_N)		
Erneuerbare Energien		
Lüftung		
Anlass der Ausstellung des Energieausweises	□ Neubau □ Vermietung / Verkauf	□ Modernisierung (Änderung / Erweiterung) □ Sonstiges (freiwillig)

Hinweise zu den Angaben über die energetische Qualität des Gebäudes

Die energetische Qualität eines Gebäudes kann durch die Berechnung des **Energiebedarfs** unter standardisierten Randbedingungen oder durch die Auswertung des **Energieverbrauchs** ermittelt werden. Als Bezugsfläche dient die energetische Gebäudenutzfläche nach der EnEV, die sich in der Regel von den allgemeinen Wohnflächenangaben unterscheidet. Die angegebenen Vergleichswerte sollen überschlägige Vergleiche ermöglichen (**Erläuterungen – siehe Seite 4**).

□ Der Energieausweis wurde auf der Grundlage von Berechnungen des **Energiebedarfs** erstellt. Die Ergebnisse sind auf **Seite 2** dargestellt. Zusätzliche Informationen zum Verbrauch sind freiwillig.

□ Der Energieausweis wurde auf der Grundlage von Auswertungen des **Energieverbrauchs** erstellt. Die Ergebnisse sind auf **Seite 3** dargestellt.

Datenerhebung Bedarf/Verbrauch durch □ Eigentümer □ Aussteller

□ Dem Energieausweis sind zusätzliche Informationen zur energetischen Qualität beigefügt (freiwillige Angabe).

Hinweise zur Verwendung des Energieausweises

Der Energieausweis dient lediglich der Information. Die Angaben im Energieausweis beziehen sich auf das gesamte Wohngebäude oder den oben bezeichneten Gebäudeteil. Der Energieausweis ist lediglich dafür gedacht, einen überschlägigen Vergleich von Gebäuden zu ermöglichen.

Aussteller

....
Datum Unterschrift des Ausstellers

[1]) Mehrfachangaben möglich

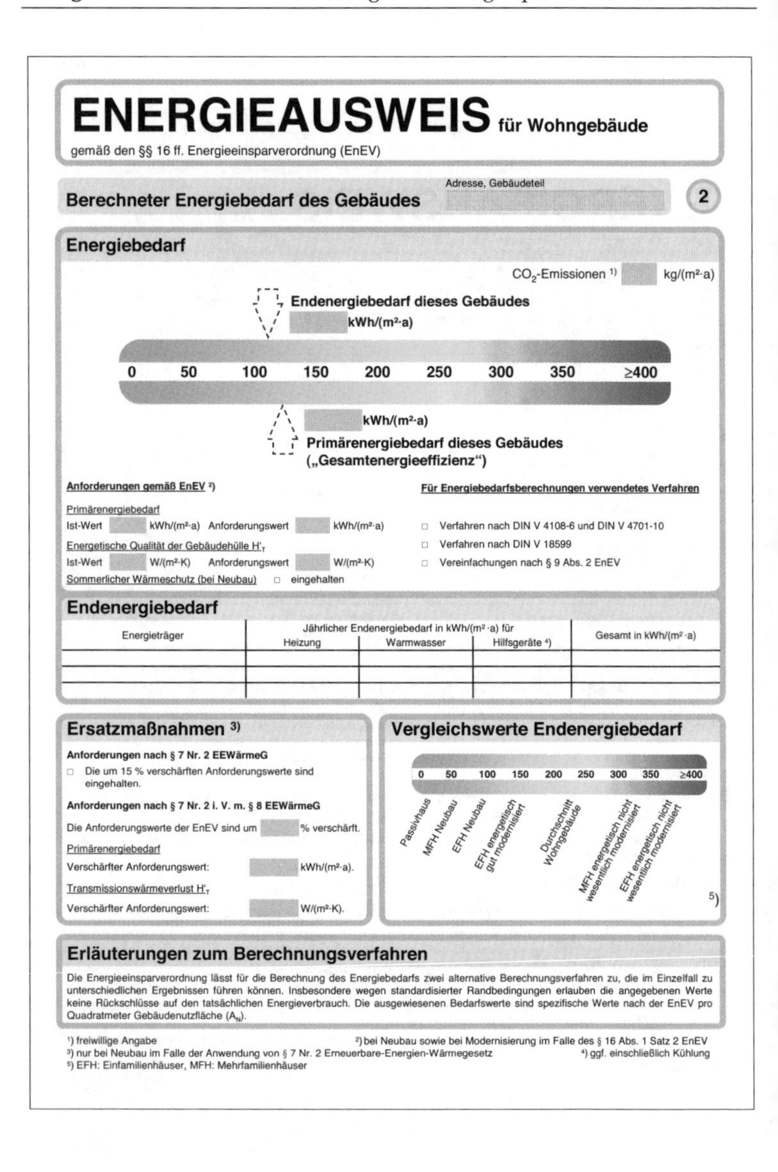

ENERGIEAUSWEIS für Wohngebäude

gemäß den §§ 16 ff. Energieeinsparverordnung (EnEV)

Berechneter Energiebedarf des Gebäudes

Adresse, Gebäudeteil

2

Energiebedarf

CO_2-Emissionen [1] kg/(m²·a)

Endenergiebedarf dieses Gebäudes

kWh/(m²·a)

0 50 100 150 200 250 300 350 ≥400

kWh/(m²·a)

Primärenergiebedarf dieses Gebäudes („Gesamtenergieeffizienz")

Anforderungen gemäß EnEV [2]

Primärenergiebedarf

Ist-Wert kWh/(m²·a) Anforderungswert kWh/(m²·a)

Energetische Qualität der Gebäudehülle H'_T

Ist-Wert W/(m²·K) Anforderungswert W/(m²·K)

Sommerlicher Wärmeschutz (bei Neubau) □ eingehalten

Für Energiebedarfsberechnungen verwendetes Verfahren

□ Verfahren nach DIN V 4108-6 und DIN V 4701-10

□ Verfahren nach DIN V 18599

□ Vereinfachungen nach § 9 Abs. 2 EnEV

Endenergiebedarf

Energieträger	Jährlicher Endenergiebedarf in kWh/(m²·a) für			Gesamt in kWh/(m²·a)
	Heizung	Warmwasser	Hilfsgeräte [4]	

Ersatzmaßnahmen [3]

Anforderungen nach § 7 Nr. 2 EEWärmeG

□ Die um 15 % verschärften Anforderungswerte sind eingehalten.

Anforderungen nach § 7 Nr. 2 i. V. m. § 8 EEWärmeG

Die Anforderungswerte der EnEV sind um % verschärft.

Primärenergiebedarf

Verschärfter Anforderungswert: kWh/(m²·a).

Transmissionswärmeverlust H'_T

Verschärfter Anforderungswert: W/(m²·K).

Vergleichswerte Endenergiebedarf

0 50 100 150 200 250 300 350 ≥400

Passivhaus

MFH Neubau

EFH Neubau

EFH energetisch gut modernisiert

Durchschnitt Wohngebäude

MFH energetisch nicht wesentlich modernisiert

EFH energetisch nicht wesentlich modernisiert

[5]

Erläuterungen zum Berechnungsverfahren

Die Energieeinsparverordnung lässt für die Berechnung des Energiebedarfs zwei alternative Berechnungsverfahren zu, die im Einzelfall zu unterschiedlichen Ergebnissen führen können. Insbesondere wegen standardisierter Randbedingungen erlauben die angegebenen Werte keine Rückschlüsse auf den tatsächlichen Energieverbrauch. Die ausgewiesenen Bedarfswerte sind spezifische Werte nach der EnEV pro Quadratmeter Gebäudenutzfläche (A_N).

[1]) freiwillige Angabe
[2]) bei Neubau sowie bei Modernisierung im Falle des § 16 Abs. 1 Satz 2 EnEV
[3]) nur bei Neubau im Falle der Anwendung von § 7 Nr. 2 Erneuerbare-Energien-Wärmegesetz
[4]) ggf. einschließlich Kühlung
[5]) EFH: Einfamilienhäuser, MFH: Mehrfamilienhäuser

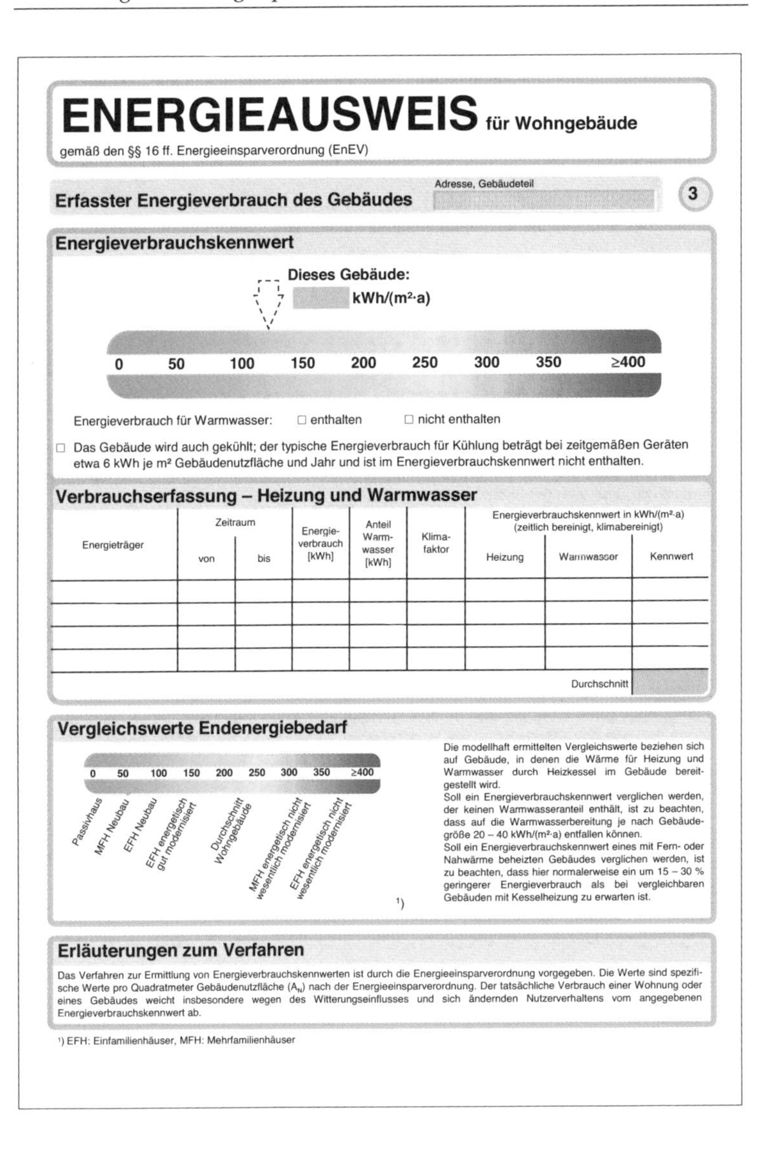

ENERGIEAUSWEIS für Wohngebäude

gemäß den §§ 16 ff. Energieeinsparverordnung (EnEV)

Erfasster Energieverbrauch des Gebäudes

Adresse, Gebäudeteil

3

Energieverbrauchskennwert

Dieses Gebäude:

kWh/(m²·a)

0 50 100 150 200 250 300 350 ≥400

Energieverbrauch für Warmwasser: ☐ enthalten ☐ nicht enthalten

☐ Das Gebäude wird auch gekühlt; der typische Energieverbrauch für Kühlung beträgt bei zeitgemäßen Geräten etwa 6 kWh je m² Gebäudenutzfläche und Jahr und ist im Energieverbrauchskennwert nicht enthalten.

Verbrauchserfassung – Heizung und Warmwasser

Energieträger	Zeitraum		Energie-verbrauch [kWh]	Anteil Warm-wasser [kWh]	Klima-faktor	Energieverbrauchskennwert in kWh/(m²·a) (zeitlich bereinigt, klimabereinigt)		
	von	bis				Heizung	Warmwasser	Kennwert
							Durchschnitt	

Vergleichswerte Endenergiebedarf

Die modellhaft ermittelten Vergleichswerte beziehen sich auf Gebäude, in denen die Wärme für Heizung und Warmwasser durch Heizkessel im Gebäude bereitgestellt wird.

Soll ein Energieverbrauchskennwert verglichen werden, der keinen Warmwasseranteil enthält, ist zu beachten, dass auf die Warmwasserbereitung je nach Gebäudegröße 20 – 40 kWh/(m²·a) entfallen können.

Soll ein Energieverbrauchskennwert eines mit Fern- oder Nahwärme beheizten Gebäudes verglichen werden, ist zu beachten, dass hier normalerweise ein um 15 – 30 % geringerer Energieverbrauch als bei vergleichbaren Gebäuden mit Kesselheizung zu erwarten ist.

Erläuterungen zum Verfahren

Das Verfahren zur Ermittlung von Energieverbrauchskennwerten ist durch die Energieeinsparverordnung vorgegeben. Die Werte sind spezifische Werte pro Quadratmeter Gebäudenutzfläche (A_N) nach der Energieeinsparverordnung. Der tatsächliche Verbrauch einer Wohnung oder eines Gebäudes weicht insbesondere wegen des Witterungseinflusses und sich ändernden Nutzerverhaltens vom angegebenen Energieverbrauchskennwert ab.

[1]) EFH: Einfamilienhäuser, MFH: Mehrfamilienhäuser

ENERGIEAUSWEIS für Wohngebäude

gemäß den §§ 16 ff. Energieeinsparverordnung (EnEV)

Erläuterungen

Energiebedarf – Seite 2

Der Energiebedarf wird in diesem Energieausweis durch den Jahres-Primärenergiebedarf und den Endenergiebedarf dargestellt. Diese Angaben werden rechnerisch ermittelt. Die angegebenen Werte werden auf der Grundlage der Bauunterlagen bzw. gebäudebezogener Daten und unter Annahme von standardisierten Randbedingungen (z. B. standardisierte Klimadaten, definiertes Nutzerverhalten, standardisierte Innentemperatur und innere Wärmegewinne usw.) berechnet. So lässt sich die energetische Qualität des Gebäudes unabhängig vom Nutzerverhalten und der Wetterlage beurteilen. Insbesondere wegen standardisierter Randbedingungen erlauben die angegebenen Werte keine Rückschlüsse auf den tatsächlichen Energieverbrauch.

Primärenergiebedarf – Seite 2

Der Primärenergiebedarf bildet die Gesamtenergieeffizienz eines Gebäudes ab. Er berücksichtigt neben der Endenergie auch die so genannte „Vorkette" (Erkundung, Gewinnung, Verteilung, Umwandlung) der jeweils eingesetzten Energieträger (z. B. Heizöl, Gas, Strom, erneuerbare Energien etc.). Kleine Werte signalisieren einen geringen Bedarf und damit eine hohe Energieeffizienz und eine die Ressourcen und die Umwelt schonende Energienutzung. Zusätzlich können die mit dem Energiebedarf verbundenen CO_2-Emissionen des Gebäudes freiwillig angegeben werden.

Energetische Qualität der Gebäudehülle – Seite 2

Angegeben ist der spezifische, auf die wärmeübertragende Umfassungsfläche bezogene Transmissionswärmeverlust (Formelzeichen in der EnEV H'_T). Er ist ein Maß für die durchschnittliche energetische Qualität aller wärmeübertragenden Umfassungsflächen (Außenwände, Decken, Fenster etc.) eines Gebäudes. Kleine Werte signalisieren einen guten baulichen Wärmeschutz. Außerdem stellt die EnEV Anforderungen an den sommerlichen Wärmeschutz (Schutz vor Überhitzung) eines Gebäudes.

Endenergiebedarf – Seite 2

Der Endenergiebedarf gibt die nach technischen Regeln berechnete, jährlich benötigte Energiemenge für Heizung, Lüftung und Warmwasserbereitung an. Er wird unter Standardklima- und Standardnutzungsbedingungen errechnet und ist ein Maß für die Energieeffizienz eines Gebäudes und seiner Anlagentechnik. Der Endenergiebedarf ist die Energiemenge, die dem Gebäude bei standardisierten Bedingungen unter Berücksichtigung der Energieverluste zugeführt werden muss, damit die standardisierte Innentemperatur, der Warmwasserbedarf und die notwendige Lüftung sichergestellt werden können. Kleine Werte signalisieren einen geringen Bedarf und damit eine hohe Energieeffizienz.

Die Vergleichswerte für den Energiebedarf sind modellhaft ermittelte Werte und sollen Anhaltspunkte für grobe Vergleiche der Werte dieses Gebäudes mit den Vergleichswerten ermöglichen. Es sind ungefähre Bereiche angegeben, in denen die Werte für die einzelnen Vergleichskategorien liegen. Im Einzelfall können diese Werte auch außerhalb der angegebenen Bereiche liegen.

Energieverbrauchskennwert – Seite 3

Der ausgewiesene Energieverbrauchskennwert wird für das Gebäude auf der Basis der Abrechnung von Heiz- und ggf. Warmwasserkosten nach der Heizkostenverordnung und/oder auf Grund anderer geeigneter Verbrauchsdaten ermittelt. Dabei werden die Energieverbrauchsdaten des gesamten Gebäudes und nicht der einzelnen Wohn- oder Nutzeinheiten zugrunde gelegt. Über Klimafaktoren wird der erfasste Energieverbrauch für die Heizung hinsichtlich der konkreten örtlichen Wetterdaten auf einen deutschlandweiten Mittelwert umgerechnet. So führen beispielsweise hohe Verbräuche in einem einzelnen harten Winter nicht zu einer schlechteren Beurteilung des Gebäudes. Der Energieverbrauchskennwert gibt Hinweise auf die energetische Qualität des Gebäudes und seiner Heizungsanlage. Kleine Werte signalisieren einen geringen Verbrauch. Ein Rückschluss auf den künftig zu erwartenden Verbrauch ist jedoch nicht möglich; insbesondere können die Verbrauchsdaten einzelner Wohneinheiten stark differieren, weil sie von deren Lage im Gebäude, von der jeweiligen Nutzung und vom individuellen Verhalten abhängen.

Gemischt genutzte Gebäude

Für Energieausweise bei gemischt genutzten Gebäuden enthält die Energieeinsparverordnung besondere Vorgaben. Danach sind - je nach Fallgestaltung - entweder ein gemeinsamer Energieausweis für alle Nutzungen oder zwei getrennte Energieausweise für Wohnungen und die übrigen Nutzungen auszustellen; dies ist auf Seite 1 der Ausweise erkennbar (ggf. Angabe „Gebäudeteil").

Anlage 7
(zu § 16)

Muster Energieausweis Nichtwohngebäude

ENERGIEAUSWEIS für Nichtwohngebäude

gemäß den §§ 16 ff. Energieeinsparverordnung (EnEV)

Gültig bis: 1

Gebäude

Hauptnutzung / Gebäudekategorie		**Gebäudefoto (freiwillig)**
Adresse		
Gebäudeteil		
Baujahr Gebäude		
Baujahr Wärmeerzeuger [1])		
Baujahr Klimaanlage [1])		
Nettogrundfläche [2])		
Erneuerbare Energien		
Lüftung		
Anlass der Ausstellung des Energieausweises	□ Neubau □ Vermietung / Verkauf	□ Modernisierung (Änderung / Erweiterung) □ Aushang b. öff. Gebäuden □ Sonstiges (freiwillig)

Hinweise zu den Angaben über die energetische Qualität des Gebäudes

Die energetische Qualität eines Gebäudes kann durch die Berechnung des **Energiebedarfs** unter standardisierten Randbedingungen oder durch die Auswertung des **Energieverbrauchs** ermittelt werden. **Als Bezugsfläche dient die Nettogrundfläche**.

□ Der Energieausweis wurde auf der Grundlage von Berechnungen des **Energiebedarfs** erstellt. Die Ergebnisse sind auf **Seite 2** dargestellt. Zusätzliche Informationen zum Verbrauch sind freiwillig. Diese Art der Ausstellung ist Pflicht bei Neubauten und bestimmten Modernisierungen. Die angegebenen Vergleichswerte sind die Anforderungen der EnEV zum Zeitpunkt der Erstellung des Energieausweises **(Erläuterungen – siehe Seite 4)**.

□ Der Energieausweis wurde auf der Grundlage von Auswertungen des **Energieverbrauchs** erstellt. Die Ergebnisse sind auf **Seite 3** dargestellt. Die Vergleichswerte beruhen auf statistischen Auswertungen.

Datenerhebung Bedarf/Verbrauch durch □ Eigentümer □ Aussteller

□ Dem Energieausweis sind zusätzliche Informationen zur energetischen Qualität beigefügt (freiwillige Angabe).

Hinweise zur Verwendung des Energieausweises

Der Energieausweis dient lediglich der Information. Die Angaben im Energieausweis beziehen sich auf das gesamte Gebäude oder den oben bezeichneten Gebäudeteil. Der Energieausweis ist lediglich dafür gedacht, einen überschlägigen Vergleich von Gebäuden zu ermöglichen.

Aussteller

....
Datum Unterschrift des Ausstellers

[1]) Mehrfachangaben möglich [2]) Nettogrundfläche ist im Sinne der EnEV ausschließlich der beheizte / gekühlte Teil der Nettogrundfläche

ENERGIEAUSWEIS für Nichtwohngebäude

gemäß den §§ 16 ff. Energieeinsparverordnung (EnEV)

Berechneter Energiebedarf des Gebäudes

Adresse, Gebäudeteil

2

Primärenergiebedarf „Gesamtenergieeffizienz“

CO_2-Emissionen [1] kg/(m²·a)

Dieses Gebäude: kWh/(m²·a)

0 100 200 300 400 500 600 700 800 900 ≥1000

EnEV-Anforderungswert Neubau (Vergleichswert)

EnEV-Anforderungswert modernisierter Altbau (Vergleichswert)

Anforderungen gemäß EnEV [2]

Primärenergiebedarf

Ist-Wert kWh/(m²·a) Anforderungswert kWh/(m²·a)

Mittlere Wärmedurchgangskoeffizienten □ eingehalten

Sommerlicher Wärmeschutz (bei Neubau) □ eingehalten

Für Energiebedarfsberechnungen verwendetes Verfahren

□ Verfahren nach Anlage 2 Nr. 2 EnEV

□ Verfahren nach Anlage 2 Nr. 3 EnEV („Ein-Zonen-Modell“)

□ Vereinfachungen nach § 9 Abs. 2 EnEV

Endenergiebedarf

Energieträger	Jährlicher Endenergiebedarf in kWh/(m²·a) für					
	Heizung	Warmwasser	Eingebaute Beleuchtung	Lüftung [4]	Kühlung einschl. Befeuchtung	**Gebäude insgesamt**

Aufteilung Energiebedarf

[kWh/(m²·a)]	Heizung	Warmwasser	Eingebaute Beleuchtung	Lüftung [4]	Kühlung einschl. Befeuchtung	**Gebäude insgesamt**
Nutzenergie						
Endenergie						
Primärenergie						

Ersatzmaßnahmen [3]

Anforderungen nach § 7 Nr. 2 EEWärmeG

□ Die um 15 % verschärften Anforderungswerte sind eingehalten.

Anforderungen nach § 7 Nr. 2 i. V. m. § 8 EEWärmeG

Die Anforderungswerte der EnEV sind um % verschärft.

Primärenergiebedarf

Verschärfter Anforderungswert kWh/(m²·a).

Wärmeschutzanforderungen

□ Die verschärften Anforderungswerte sind eingehalten.

Gebäudezonen

Nr.	Zone	Fläche [m²]	Anteil [%]
1			
2			
3			
4			
5			
6			
□	weitere Zonen in Anlage		

Erläuterungen zum Berechnungsverfahren

Die Energieeinsparverordnung lässt für die Berechnung des Energiebedarfs in vielen Fällen neben dem Berechnungsverfahren alternative Vereinfachungen zu, die im Einzelfall zu unterschiedlichen Ergebnissen führen können. Insbesondere wegen standardisierter Randbedingungen erlauben die angegebenen Werte keine Rückschlüsse auf den tatsächlichen Energieverbrauch. Die ausgewiesenen Bedarfswerte sind spezifische Werte nach der EnEV pro Quadratmeter beheizte / gekühlte Nettogrundfläche.

[1] freiwillige Angabe [2] bei Neubau sowie bei Modernisierung im Falle des § 16 Abs. 1 Satz 2 EnEV
[3] nur bei Neubau im Falle der Anwendung von § 7 Nr. 2 Erneuerbare-Energien-Wärmegesetz [4] nur Hilfsenergiebedarf

ENERGIEAUSWEIS für Nichtwohngebäude

gemäß den §§ 16 ff. Energieeinsparverordnung (EnEV)

Erfasster Energieverbrauch des Gebäudes

Adresse, Gebäudeteil

3

Heizenergieverbrauchskennwert (einschließlich Warmwasser)

Dieses Gebäude: kWh/(m²·a)

0 100 200 300 400 500 600 700 800 900 ≥1000

Vergleichswert dieser Gebäudekategorie für Heizung und Warmwasser [1])

Stromverbrauchskennwert

Dieses Gebäude: kWh/(m²·a)

0 100 200 300 400 500 600 700 800 900 ≥1000

Vergleichswert dieser Gebäudekategorie für Strom [1])

Der Wert enthält den Stromverbrauch für

☐ Zusatzheizung ☐ Warmwasser ☐ Lüftung ☐ eingebaute Beleuchtung ☐ Kühlung ☐ Sonstiges:

Verbrauchserfassung – Heizung und Warmwasser

Energieträger	Zeitraum		Energieverbrauch [kWh]	Anteil Warmwasser [kWh]	Klimafaktor	Energieverbrauchskennwert in kWh/(m²·a) (zeitlich bereinigt, klimabereinigt)		
	von	bis				Heizung	Warmwasser	Kennwert
							Durchschnitt	

Verbrauchserfassung – Strom

Zeitraum		Ablesewert [kWh]	Kennwert [kWh/(m²·a)]
von	bis		

Gebäudenutzung

Gebäudekategorie oder Nutzung, ggf. mit Prozentanteil		%
		%
		%
Sonderzonen		

Erläuterungen zum Verfahren

Das Verfahren zur Ermittlung von Energieverbrauchskennwerten ist durch die Energieeinsparverordnung vorgegeben. Die Werte sind spezifische Werte pro Quadratmeter beheizte / gekühlte Nettogrundfläche. Der tatsächliche Verbrauch eines Gebäudes weicht insbesondere wegen des Witterungseinflusses und sich ändernden Nutzerverhaltens von den angegebenen Kennwerten ab.

[1]) veröffentlicht im Bundesanzeiger / Internet durch das Bundesministerium für Verkehr, Bau und Stadtentwicklung und das Bundesministerium für Wirtschaft und Technologie

ENERGIEAUSWEIS für Nichtwohngebäude

gemäß den §§ 16 ff. Energieeinsparverordnung (EnEV)

Erläuterungen

Energiebedarf – Seite 2

Der Energiebedarf wird in diesem Energieausweis durch den Jahres-Primärenergiebedarf und den Endenergiebedarf für die Anteile Heizung, Warmwasser, eingebaute Beleuchtung, Lüftung und Kühlung dargestellt. Diese Angaben werden rechnerisch ermittelt. Die angegebenen Werte werden auf der Grundlage der Bauunterlagen bzw. gebäudebezogener Daten und unter Annahme von standardisierten Randbedingungen (z. B. standardisierte Klimadaten, definiertes Nutzerverhalten, standardisierte Innentemperatur und innere Wärmegewinne usw.) berechnet. So lässt sich die energetische Qualität des Gebäudes unabhängig vom Nutzerverhalten und der Wetterlage beurteilen. Insbesondere wegen standardisierter Randbedingungen erlauben die angegebenen Werte keine Rückschlüsse auf den tatsächlichen Energieverbrauch.

Primärenergiebedarf – Seite 2

Der Primärenergiebedarf bildet die Gesamtenergieeffizienz eines Gebäudes ab. Er berücksichtigt neben der Endenergie auch die so genannte „Vorkette" (Erkundung, Gewinnung, Verteilung, Umwandlung) der jeweils eingesetzten Energieträger (z. B. Heizöl, Gas, Strom, erneuerbare Energien etc.). Kleine Werte signalisieren einen geringen Bedarf und damit eine hohe Energieeffizienz und eine die Ressourcen und die Umwelt schonende Energienutzung. Die angegebenen Vergleichswerte geben für das Gebäude die Anforderungen der Energieeinsparverordnung an, die zum Zeitpunkt der Erstellung des Energieausweises galt. Sie sind im Falle eines Neubaus oder der Modernisierung des Gebäudes nach § 9 Abs. 1 Satz 2 EnEV einzuhalten. Bei Bestandsgebäuden dienen sie der Orientierung hinsichtlich der energetischen Qualität des Gebäudes. Zusätzlich können die mit dem Energiebedarf verbundenen CO_2-Emissionen des Gebäudes freiwillig angegeben werden.
Der Skalenendwert des Bandtachometers beträgt, auf die Zehnerstelle gerundet, das Dreifache des Vergleichswerts „EnEV Anforderungswert modernisierter Altbau" (140 % des „EnEV Anforderungswerts Neubau").

Wärmeschutz – Seite 2

Die Energieeinsparverordnung stellt bei Neubauten und bestimmten baulichen Änderungen auch Anforderungen an die energetische Qualität aller wärmeübertragenden Umfassungsflächen (Außenwände, Decken, Fenster etc.) sowie bei Neubauten an den sommerlichen Wärmeschutz (Schutz vor Überhitzung) eines Gebäudes.

Endenergiebedarf – Seite 2

Der Endenergiebedarf gibt die nach technischen Regeln berechnete, jährlich benötigte Energiemenge für Heizung, Warmwasser, eingebaute Beleuchtung, Lüftung und Kühlung an. Er wird unter Standardklima und Standardnutzungsbedingungen errechnet und ist ein Maß für die Energieeffizienz eines Gebäudes und seiner Anlagentechnik. Der Endenergiebedarf ist die Energiemenge, die dem Gebäude bei standardisierten Bedingungen unter Berücksichtigung der Energieverluste zugeführt werden muss, damit die standardisierte Innentemperatur, der Warmwasserbedarf, die notwendige Lüftung und eingebaute Beleuchtung sichergestellt werden können. Kleine Werte signalisieren einen geringen Bedarf und damit eine hohe Energieeffizienz.

Heizenergie- und Stromverbrauchskennwert (Energieverbrauchskennwerte) – Seite 3

Der Heizenergieverbrauchskennwert (einschließlich Warmwasser) wird für das Gebäude auf der Basis der Erfassung des Verbrauchs ermittelt. Das Verfahren zur Ermittlung von Energieverbrauchskennwerten ist durch die Energieeinsparverordnung vorgegeben. Die Werte sind spezifische Werte pro Quadratmeter Nettogrundfläche nach der Energieeinsparverordnung. Über Klimafaktoren wird der erfasste Energieverbrauch hinsichtlich der örtlichen Wetterdaten auf ein standardisiertes Klima für Deutschland umgerechnet. Der ausgewiesene Stromverbrauchskennwert wird für das Gebäude auf der Basis der Erfassung des Verbrauchs oder der entsprechenden Abrechnung ermittelt. Die Energieverbrauchskennwerte geben Hinweise auf die energetische Qualität des Gebäudes. Kleine Werte signalisieren einen geringen Verbrauch. Ein Rückschluss auf den künftig zu erwartenden Verbrauch ist jedoch nicht möglich. Der tatsächliche Verbrauch einer Nutzungseinheit oder eines Gebäudes weicht insbesondere wegen des Witterungseinflusses und sich ändernden Nutzerverhaltens oder sich ändernder Nutzungen vom angegebenen Energieverbrauchskennwert ab.
Die Vergleichswerte ergeben sich durch die Beurteilung gleichartiger Gebäude. Kleinere Verbrauchswerte als der Vergleichswert signalisieren eine gute energetische Qualität im Vergleich zum Gebäudebestand dieses Gebäudetyps. Die Vergleichswerte werden durch das Bundesministerium für Verkehr, Bau und Stadtentwicklung im Einvernehmen mit dem Bundesministerium für Wirtschaft und Technologie bekannt gegeben.
Die Skalenendwerte der Bandtachometer betragen, auf die Zehnerstelle gerundet, das Doppelte des jeweiligen Vergleichswerts.

Anlage 8
(zu § 16)

Muster Aushang Energieausweis auf der Grundlage des Energiebedarfs

ENERGIEAUSWEIS für Nichtwohngebäude

gemäß den §§ 16 ff. Energieeinsparverordnung

Gültig bis:

Aushang

Gebäude

Hauptnutzung / Gebäudekategorie		Gebäudefoto (freiwillig)
Sonderzone(n)		
Adresse		
Gebäudeteil		
Baujahr Gebäude		
Baujahr Wärmeerzeuger		
Baujahr Klimaanlage		
Nettogrundfläche		

Primärenergiebedarf ***„Gesamtenergieeffizienz"***

Aufteilung Energiebedarf

Aussteller

.... Datum .... Unterschrift des Ausstellers

Anlage 9
(zu § 16)

Muster Aushang Energieausweis auf der Grundlage des Energieverbrauchs

ENERGIEAUSWEIS für Nichtwohngebäude

gemäß den §§ 16 ff. Energieeinsparverordnung

Gültig bis:

Aushang

Gebäude

Hauptnutzung / Gebäudekategorie		**Gebäudefoto (freiwillig)**
Sonderzone(n)		
Adresse		
Gebäudeteil		
Baujahr Gebäude		
Baujahr Wärmeerzeuger		
Baujahr Klimaanlage		
Nettogrundfläche		

Heizenergieverbrauchskennwert

Dieses Gebäude:
kWh/(m²·a)

0 100 200 300 400 500 600 700 800 900 ≥1000

Vergleichswert dieser Gebäudekategorie für Heizung und Warmwasser

□ Warmwasser enthalten

Stromverbrauchskennwert

Dieses Gebäude:
kWh/(m²·a)

0 100 200 300 400 500 600 700 800 900 ≥1000

Vergleichswert dieser Gebäudekategorie für Strom

Der Wert enthält den Stromverbrauch für

□ Zusatzheizung □ Warmwasser □ Lüftung □ Eingebaute Beleuchtung □ Kühlung □ Sonstiges:

Aussteller

Datum

Unterschrift des Ausstellers

Anlage 10
(zu § 20)

Muster Modernisierungsempfehlungen

Modernisierungsempfehlungen zum Energieausweis

gemäß § 20 Energieeinsparverordnung

Gebäude

Adresse		Hauptnutzung / Gebäudekategorie	

Empfehlungen zur kostengünstigen Modernisierung

Maßnahmen zur kostengünstigen Verbesserung der Energieeffizienz sind ☐ möglich ☐ nicht möglich

Empfohlene Modernisierungsmaßnahmen

Nr.	Bau- oder Anlagenteile	Maßnahmenbeschreibung
☐	weitere Empfehlungen auf gesondertem Blatt	

Hinweis: Modernisierungsempfehlungen für das Gebäude dienen lediglich der Information. Sie sind nur kurz gefasste Hinweise und kein Ersatz für eine Energieberatung.

Beispielhafter Variantenvergleich (Angaben freiwillig)

	Ist-Zustand	Modernisierungsvariante 1	Modernisierungsvariante 2
Modernisierung gemäß Nummern:			
Primärenergiebedarf [kWh/(m²·a)]			
Einsparung gegenüber Ist-Zustand [%]			
Endenergiebedarf [kWh/(m²·a)]			
Einsparung gegenüber Ist-Zustand [%]			
CO_2-Emissionen [kg/(m²·a)]			
Einsparung gegenüber Ist-Zustand [%]			

Aussteller

.... Datum .... Unterschrift des Ausstellers

Anlage 11
(zu § 21 Abs. 2 Nr. 2)

Anforderungen an die Inhalte der Fortbildung

1 Zweck der Fortbildung

Die nach § 21 Abs. 2 Nr. 2 verlangte Fortbildung soll die Aussteller von Energieausweisen für bestehende Gebäude nach § 16 Abs. 2 und 3 und von Modernisierungsempfehlungen nach § 20 in die Lage versetzen, bei der Ausstellung solcher Energieausweise und Modernisierungsempfehlungen die Vorschriften dieser Verordnung einschließlich des technischen Regelwerks zum energiesparenden Bauen sachgemäß anzuwenden. Die Fortbildung soll praktische Übungen einschließen und insbesondere die im Folgenden genannten Fachkenntnisse vermitteln.

2 Inhaltliche Schwerpunkte der Fortbildung zu bestehenden Wohngebäuden

2.1 Bestandsaufnahme und Dokumentation des Gebäudes, der Baukonstruktion und der technischen Anlagen

Ermittlung, Bewertung und Dokumentation des Einflusses der geometrischen und energetischen Kennwerte der Gebäudehülle einschließlich aller Einbauteile und Wärmebrücken, der Luftdichtheit und Erkennen von Leckagen, der bauphysikalischen Eigenschaften von Baustoffen und Bauprodukten einschließlich der damit verbundenen konstruktiv-statischen Aspekte, der energetischen Kennwerte von anlagentechnischen Komponenten einschließlich deren Betriebseinstellung und Wartung, der Auswirkungen des Nutzerverhaltens und von Leerstand und von Klimarandbedingungen und Witterungseinflüssen auf den Energieverbrauch.

2.2 Beurteilung der Gebäudehülle

Ermittlung von Eingangs- und Berechnungsgrößen für die energetische Berechnung, wie z. B. Wärmeleitfähigkeit, Wärmedurchlasswiderstand, Wärmedurchgangskoeffizient, Transmissionswärmeverlust, Lüftungswärmebedarf und nutzbare interne und solare Wärmegewinne. Durchführung der erforderlichen Berechnungen nach DIN V 18599 oder DIN V 4108-6 sowie Anwendung vereinfachter Annahmen und Berechnungs- und Beurteilungsmethoden. Berücksichtigung von Maßnahmen des sommerlichen Wärmeschutzes und Berechnung nach DIN 4108-2, Kenntnisse über Luftdichtheitsmessungen und die Ermittlung der Luftdichtheitsrate.

2.3 Beurteilung von Heizungs- und Warmwasserbereitungsanlagen

Detaillierte Beurteilung von Komponenten einer Heizungsanlage zur Wärmeerzeugung, Wärmespeicherung, Wärmeverteilung und Wärmeabgabe. Kenntnisse über die Interaktion von Gebäudehülle und Anlagentechnik, Durchführung der Berechnungen nach DIN V 18599 oder DIN V 4701-10, Beurteilung von Systemen der alternativen und erneuerbaren Energie- und Wärmeerzeugung.

2.4 Beurteilung von Lüftungs- und Klimaanlagen

Bewertung unterschiedlicher Arten von Lüftungsanlagen und deren Konstruktionsmerkmalen, Berücksichtigung der Brand- und Schallschutzanforderungen für lüftungstechnische Anlagen, Durchführung der Berechnungen nach DIN V 18599 oder DIN V 4701-10, Grundkenntnisse über Klimaanlagen.

2.5 Erbringung der Nachweise

Kenntnisse über energetische Anforderungen an Wohngebäude und das Bauordnungsrecht (insbesondere Mindestwärmeschutz), Durchführung der Nachweise und Berechnungen des Jahres-Primärenergiebedarfs, Ermittlung des Energieverbrauchs und seine rechnerische Bewertung einschließlich der Witterungsbereinigung, Ausstellung eines Energieausweises.

2.6 Grundlagen der Beurteilung von Modernisierungsempfehlungen einschließlich ihrer technischen Machbarkeit und Wirtschaftlichkeit

Kenntnisse und Erfahrungswerte über Amortisations- und Wirtschaftlichkeitsberechnung für einzelne Bauteile und Anlagen einschließlich Investitionskosten und Kosteneinsparungen, über erfahrungsgemäß wirtschaftliche (rentable), im Allgemeinen verwirklichungsfähige Modernisierungsempfehlungen für kostengünstige Verbesserungen der energetischen Eigenschaften des Wohngebäudes, über Vor- und Nachteile bestimmter Verbesserungsvorschläge unter Berücksichtigung bautechnischer und rechtlicher Rahmenbedingungen (z. B. bei Wechsel des Heizenergieträgers, Grenzbebauung, Grenzabstände), über aktuelle Förderprogramme, über tangierte bauphysikalische und statisch-konstruktive Einflüsse, wie z. B. Wärmebrücken, Tauwasseranfall (Kondensation), Wasserdampftransport, Schimmelpilzbefall, Bauteilanschlüsse und Vorschläge für weitere Abdichtungsmaßnahmen, über die Auswahl von Materialien zur Herstellung der Luftdichtheit (Verträglichkeit, Wirksamkeit, Dauerhaftigkeit) und über

Auswirkungen von wärmeschutztechnischen Maßnahmen auf den Schall- und Brandschutz. Erstellung erfahrungsgemäß wirtschaftlicher (rentabler), im Allgemeinen verwirklichungsfähiger Modernisierungsempfehlungen für kostengünstige Verbesserungen der energetischen Eigenschaften.

3 Inhaltliche Schwerpunkte der Fortbildung zu bestehenden Nichtwohngebäuden

Zusätzlich zu den unter Nr. 2 aufgeführten Schwerpunkten soll die Fortbildung insbesondere die nachfolgenden Fachkenntnisse zu Nichtwohngebäuden vermitteln.

3.1 Bestandsaufnahme und Dokumentation des Gebäudes, der Baukonstruktion und der technischen Anlagen

Energetische Modellierung eines Gebäudes (beheiztes/gekühltes Volumen, konditionierte/nicht konditionierte Räume, Versorgungsbereich der Anlagentechnik), Ermittlung der Systemgrenze und Einteilung des Gebäudes in Zonen nach entsprechenden Nutzungsrandbedingungen, Zuordnung von geometrischen und energetischen Kenngrößen zu den Zonen und Versorgungsbereichen, Zusammenwirken von Gebäude und Anlagentechnik (Verrechnung von Bilanzanteilen), Anwendung vereinfachter Verfahren (z. B. Ein-Zonen-Modell), Bestimmung von Wärmequellen und -senken und des Nutzenergiebedarfs von Zonen, Ermittlung, Bewertung und Dokumentation der energetischen Kennwerte von raumlufttechnischen Anlagen, insbesondere von Klimaanlagen, und Beleuchtungssystemen.

3.2 Beurteilung der Gebäudehülle

Ermittlung von Eingangs- und Berechnungsgrößen und energetische Bewertung von Fassadensystemen, insbesondere von Vorhang- und Glasfassaden, Bewertung von Systemen für den sommerlichen Wärmeschutz und von Verbauungs- und Verschattungssituationen.

3.3 Beurteilung von Heizungs- und Warmwasserbereitungsanlagen

Berechnung des Endenergiebedarfs für Heizungs- und Warmwasserbereitung einschließlich der Verluste in den technischen Prozessschritten nach DIN V 18599-5 und DIN V 18599-8, Beurteilung von Kraft-Wärme-Kopplungsanlagen nach DIN V 18599-9, Bilanzierung von Nah- und Fernwärmesystemen und der Nutzung erneuerbarer Energien.

3.4 Beurteilung von raumlufttechnischen Anlagen und sonstigen Anlagen zur Kühlung

Berechnung des Kühlbedarfs von Gebäuden (Nutzkälte) und der Nutzenergie für die Luftaufbereitung, Bewertung unterschiedlicher Arten von raumlufttechnischen Anlagen und deren Konstruktionsmerkmalen, Berücksichtigung der Brand- und Schallschutzanforderungen für diese Anlagen, Berechnung des Energiebedarfs für die Befeuchtung mit einem Dampferzeuger, Ermittlung von Übergabe- und Verteilverlusten, Bewertung von Bauteiltemperierungen, Durchführung der Berechnungen nach DIN V 185992, DIN V 18599-3 und DIN V 18599-7 und der Nutzung erneuerbarer Energien.

3.5 Beurteilung von Beleuchtungs- und Belichtungssystemen

Berechnung des Endenergiebedarfs für die Beleuchtung nach DIN V 18599-4, Bewertung der Tageslichtnutzung (Fenster, Tageslichtsysteme, Beleuchtungsniveau, Wartungswert der Beleuchtungsstärke etc.), der tageslichtabhängigen Kunstlichtregelung (Art, Kontrollstrategie, Funktionsumfang, Schaltsystem etc.) und der Kunstlichtbeleuchtung (Lichtquelle, Vorschaltgeräte, Leuchten etc.).

3.6 Erbringung der Nachweise

Kenntnisse über energetische Anforderungen an Nichtwohngebäude und das Bauordnungsrecht (insbesondere Mindestwärmeschutz), Durchführung der Nachweise und Berechnungen des Jahres-Primärenergiebedarfs, Ermittlung des Energieverbrauchs und seine rechnerische Bewertung einschließlich der Witterungsbereinigung, Ausstellung eines Energieausweises.

3.7 Grundlagen der Beurteilung von Modernisierungsempfehlungen einschließlich ihrer technischen Machbarkeit und Wirtschaftlichkeit

Erstellung von erfahrungsgemäß wirtschaftlichen (rentablen), im Allgemeinen verwirklichungsfähigen Modernisierungsempfehlungen für kostengünstige Verbesserungen der energetischen Eigenschaften für Nichtwohngebäude.

4 Umfang der Fortbildung

Der Umfang der Fortbildung insgesamt sowie der einzelnen Schwerpunkte soll dem Zweck und den Anforderungen dieser Anlage sowie der Vorbildung der jeweiligen Teilnehmer Rechnung tragen.

2.

Gesetz zur Einsparung von Energie in Gebäuden (Energieeinsparungsgesetz – EnEG)[1]

i.d.F. der Bek. vom 1.9.2005 (BGBl. I S. 2684), geändert durch Art. 1 G vom 28.3.2009 (BGBl. I S. 643)

§ 1
Energiesparender Wärmeschutz bei zu errichtenden Gebäuden

(1) Wer ein Gebäude errichtet, das seiner Zweckbestimmung nach beheizt oder gekühlt werden muss, hat, um Energie zu sparen, den Wärmeschutz nach Maßgabe der nach Absatz 2 zu erlassenden Rechtsverordnung so zu entwerfen und auszuführen, dass beim Heizen und Kühlen vermeidbare Energieverluste unterbleiben.

(2) Die Bundesregierung wird ermächtigt, durch Rechtsverordnung mit Zustimmung des Bundesrates Anforderungen an den Wärmeschutz von Gebäuden und ihren Bauteilen festzusetzen. Die Anforderungen können sich auf die Begrenzung des Wärmedurchgangs sowie der Lüftungswärmeverluste und auf ausreichende raumklimatische Verhältnisse beziehen. Bei der Begrenzung des Wärmedurchgangs ist der gesamte Einfluss der die beheizten oder gekühlten Räume nach außen und zum Erdreich abgrenzenden sowie derjenigen Bauteile zu berücksichtigen, die diese Räume gegen Räume abweichender Temperatur abgrenzen. Bei der Begrenzung von Lüftungswärmeverlusten ist der gesamte Einfluss der Lüftungseinrichtungen, der Dichtheit von Fenstern und Türen sowie der Fugen zwischen einzelnen Bauteilen zu berücksichtigen.

(3) Soweit andere Rechtsvorschriften höhere Anforderungen an den baulichen Wärmeschutz stellen, bleiben sie unberührt.

§ 2
Energiesparende Anlagentechnik bei Gebäuden

(1) Wer Heizungs-, raumlufttechnische, Kühl-, Beleuchtungs- sowie Warmwasserversorgungsanlagen oder -einrichtungen in Gebäude einbaut oder einbauen lässt oder in Gebäuden aufstellt oder aufstellen lässt, hat bei Entwurf, Auswahl und Ausführung dieser Anlagen und Einrichtungen nach Maßgabe der nach den Absätzen 2 und 3 zu erlas-

1) Dieses Gesetz dient der Umsetzung der Richtlinie 2002/91/EG des Europäischen Parlaments und des Rates vom 16. Dezember 2002 über die Gesamtenergieeffizienz von Gebäuden (ABl. EG 2003 Nr. L 1 S. 65).

senden Rechtsverordnungen dafür Sorge zu tragen, dass nicht mehr Energie verbraucht wird, als zur bestimmungsgemäßen Nutzung erforderlich ist.

(2) Die Bundesregierung wird ermächtigt, durch Rechtsverordnung mit Zustimmung des Bundesrates vorzuschreiben, welchen Anforderungen die Beschaffenheit und die Ausführung der in Absatz 1 genannten Anlagen und Einrichtungen genügen müssen, damit vermeidbare Energieverluste unterbleiben. Für zu errichtende Gebäude können sich die Anforderungen beziehen auf

1. den Wirkungsgrad, die Auslegung und die Leistungsaufteilung der Wärme- und Kälteerzeuger,
2. die Ausbildung interner Verteilungsnetze,
3. die Begrenzung der Warmwassertemperatur,
4. die Einrichtungen der Regelung und Steuerung der Wärme- und Kälteversorgungssysteme,
5. den Einsatz von Wärmerückgewinnungsanlagen,
6. die messtechnische Ausstattung zur Verbrauchserfassung,
7. die Effizienz von Beleuchtungssystemen, insbesondere den Wirkungsgrad von Beleuchtungseinrichtungen, die Verbesserung der Tageslichtnutzung, die Ausstattung zur Regelung und Abschaltung dieser Systeme,
8. weitere Eigenschaften der Anlagen und Einrichtungen, soweit dies im Rahmen der Zielsetzung des Absatzes 1 auf Grund der technischen Entwicklung erforderlich wird.

(3) Die Absätze 1 und 2 gelten entsprechend, soweit in bestehende Gebäude bisher nicht vorhandene Anlagen oder Einrichtungen eingebaut oder vorhandene ersetzt, erweitert oder umgerüstet werden. Bei wesentlichen Erweiterungen oder Umrüstungen können die Anforderungen auf die gesamten Anlagen oder Einrichtungen erstreckt werden. Außerdem können Anforderungen zur Ergänzung der in Absatz 1 genannten Anlagen und Einrichtungen mit dem Ziel einer nachträglichen Verbesserung des Wirkungsgrades und einer Erfassung des Energieverbrauchs gestellt werden.

(4) Soweit andere Rechtsvorschriften höhere Anforderungen an die in Absatz 1 genannten Anlagen und Einrichtungen stellen, bleiben sie unberührt.

§ 3
Energiesparender Betrieb von Anlagen

(1) Wer Heizungs-, raumlufttechnische, Kühl-, Beleuchtungs- sowie Warmwasserversorgungsanlagen oder -einrichtungen in Gebäuden betreibt oder betreiben lässt, hat dafür Sorge zu tragen, dass sie nach Maßgabe der nach Absatz 2 zu erlassenden Rechtsverordnung so instand gehalten und betrieben werden, dass nicht mehr Energie verbraucht wird, als zu ihrer bestimmungsgemäßen Nutzung erforderlich ist.

(2) Die Bundesregierung wird ermächtigt, durch Rechtsverordnung mit Zustimmung des Bundesrates vorzuschreiben, welchen Anforderungen der Betrieb der in Absatz 1 genannten Anlagen und Einrichtungen genügen muss, damit vermeidbare Energieverluste unterbleiben. Die Anforderungen können sich auf die sachkundige Bedienung, Instandhaltung, regelmäßige Wartung, Inspektion und auf die bestimmungsgemäße Nutzung der Anlagen und Einrichtungen beziehen.

(3) Soweit andere Rechtsvorschriften höhere Anforderungen an den Betrieb der in Absatz 1 genannten Anlagen und Einrichtungen stellen, bleiben sie unberührt.

§ 3a
Verteilung der Betriebskosten

Die Bundesregierung wird ermächtigt, durch Rechtsverordnung mit Zustimmung des Bundesrates vorzuschreiben, dass

1. der Energieverbrauch der Benutzer von heizungs- oder raumlufttechnischen oder der Versorgung mit Warmwasser dienenden gemeinschaftlichen Anlagen oder Einrichtungen erfasst wird,
2. die Betriebskosten dieser Anlagen oder Einrichtungen so auf die Benutzer zu verteilen sind, dass dem Energieverbrauch der Benutzer Rechnung getragen wird.

§ 4
Sonderregelungen und Anforderungen an bestehende Gebäude

(1) Die Bundesregierung wird ermächtigt, durch Rechtsverordnung mit Zustimmung des Bundesrates von den nach den §§ 1 bis 3 zu erlassenden Rechtsverordnungen Ausnahmen zuzulassen und abweichende Anforderungen für Gebäude und Gebäudeteile vorzuschreiben, die nach ihrem üblichen Verwendungszweck

1. wesentlich unter oder über der gewöhnlichen, durchschnittlichen Heizdauer beheizt werden müssen,
2. eine Innentemperatur unter 15 °C erfordern,
3. den Heizenergiebedarf durch die im Innern des Gebäudes anfallende Abwärme überwiegend decken,
4. nur teilweise beheizt werden müssen,
5. eine überwiegende Verglasung der wärmeübertragenden Umfassungsflächen erfordern,
6. nicht zum dauernden Aufenthalt von Menschen bestimmt sind,
7. sportlich, kulturell, zu religiösen Zwecken oder zu Versammlungen genutzt werden,
8. zum Schutze von Personen oder Sachwerten einen erhöhten Luftwechsel erfordern oder
9. nach der Art ihrer Ausführung für eine dauernde Verwendung nicht geeignet sind,

soweit der Zweck des Gesetzes, vermeidbare Energieverluste zu verhindern, dies erfordert oder zulässt. Satz 1 gilt entsprechend für die in §2 Abs. 1 genannten Anlagen und Einrichtungen in solchen Gebäuden oder Gebäudeteilen; Halbsatz 1 gilt entsprechend für besonders erhaltenswerte Gebäude.

(2) Die Bundesregierung wird ermächtigt, durch Rechtsverordnung mit Zustimmung des Bundesrates zu bestimmen, dass die nach den §§ 1 bis 3 und nach Absatz 1 festzulegenden Anforderungen auch bei wesentlichen Änderungen von Gebäuden einzuhalten sind.

(3) Die Bundesregierung wird ermächtigt, durch Rechtsverordnung mit Zustimmung des Bundesrates zu bestimmen, dass

1. für bestehende Gebäude, Anlagen oder Einrichtungen einzelne Anforderungen nach den §§ 1 und 2 Abs. 1 und 2 gestellt werden können,
2. in bestehenden Gebäuden elektrische Speicherheizsysteme und Heizkessel, die bei bestimmungsgemäßer Nutzung wesentlich mehr Energie verbrauchen als andere marktübliche Anlagen und Einrichtungen gleicher Funktion, außer Betrieb zu nehmen sind, wenn weniger belastende Maßnahmen, wie eine Pflicht zur nachträglichen Anpassung solcher Anlagen und Einrichtungen an den Stand der Technik, nicht zu einer vergleichbaren Energieeinsparung führen,

auch wenn ansonsten für das Gebäude, die Anlage oder die Einrichtung keine Änderung durchgeführt würde. Die Maßnahmen nach

Satz 1 müssen generell zu einer wesentlichen Verminderung der Energieverluste beitragen, und die Aufwendungen müssen durch die eintretenden Einsparungen innerhalb angemessener Fristen erwirtschaftet werden können. Die Sätze 1 und 2 sind in Fällen des Absatzes 1 entsprechend anzuwenden.

§ 5
Gemeinsame Voraussetzungen für Rechtsverordnungen

(1) Die in den Rechtsverordnungen nach den §§ 1 bis 4 aufgestellten Anforderungen müssen nach dem Stand der Technik erfüllbar und für Gebäude gleicher Art und Nutzung wirtschaftlich vertretbar sein. Anforderungen gelten als wirtschaftlich vertretbar, wenn generell die erforderlichen Aufwendungen innerhalb der üblichen Nutzungsdauer durch die eintretenden Einsparungen erwirtschaftet werden können. Bei bestehenden Gebäuden ist die noch zu erwartende Nutzungsdauer zu berücksichtigen.

(2) In den Rechtsverordnungen ist vorzusehen, dass auf Antrag von den Anforderungen befreit werden kann, soweit diese im Einzelfall wegen besonderer Umstände durch einen unangemessenen Aufwand oder in sonstiger Weise zu einer unbilligen Härte führen.

(3) In der Rechtsverordnung kann wegen technischer Anforderungen auf Bekanntmachungen sachverständiger Stellen unter Angabe der Fundstelle verwiesen werden.

(4) In den Rechtsverordnungen nach den §§ 1 bis 4 können die Anforderungen und – in den Fällen des § 3a – die Erfassung und Kostenverteilung abweichend von Vereinbarungen der Benutzer und von Vorschriften des Wohnungseigentumsgesetzes geregelt und näher bestimmt werden, wie diese Regelungen sich auf die Rechtsverhältnisse zwischen den Beteiligten auswirken.

(5) In den Rechtsverordnungen nach den §§ 1 bis 4 können sich die Anforderungen auch auf den Gesamtenergiebedarf oder -verbrauch der Gebäude und die Einsetzbarkeit alternativer Systeme beziehen sowie Umwandlungsverluste der Anlagensysteme berücksichtigen (Gesamtenergieeffizienz).

§ 5a
Energieausweise

Die Bundesregierung wird ermächtigt, zur Umsetzung oder Durchführung von Rechtsakten der Europäischen Gemeinschaften durch

Rechtsverordnung mit Zustimmung des Bundesrates Inhalte und Verwendung von Energieausweisen auf Bedarfs- und Verbrauchsgrundlage vorzugeben und dabei zu bestimmen, welche Angaben und Kennwerte über die Energieeffizienz eines Gebäudes, eines Gebäudeteils oder in § 2 Abs. 1 genannter Anlagen oder Einrichtungen darzustellen sind. Die Vorgaben können sich insbesondere beziehen auf

1. die Arten der betroffenen Gebäude, Gebäudeteile und Anlagen oder Einrichtungen,
2. die Zeitpunkte und Anlässe für die Ausstellung und Aktualisierung von Energieausweisen,
3. die Ermittlung, Dokumentation und Aktualisierung von Angaben und Kennwerten,
4. die Angabe von Referenzwerten, wie gültige Rechtsnormen und Vergleichskennwerte,
5. begleitende Empfehlungen für kostengünstige Verbesserungen der Energieeffizienz,
6. die Verpflichtung, Energieausweise Behörden und bestimmten Dritten zugänglich zu machen,
7. den Aushang von Energieausweisen für Gebäude, in denen Dienstleistungen für die Allgemeinheit erbracht werden,
8. die Berechtigung zur Ausstellung von Energieausweisen einschließlich der Anforderungen an die Qualifikation der Aussteller sowie
9. die Ausgestaltung der Energieausweise.

Die Energieausweise dienen lediglich der Information.

§ 6
Maßgebender Zeitpunkt

Für die Unterscheidung zwischen zu errichtenden und bestehenden Gebäuden im Sinne dieses Gesetzes ist der Zeitpunkt der Erteilung der Baugenehmigung oder der bauaufsichtlichen Zustimmung, im Übrigen der Zeitpunkt maßgeblich, zu dem nach Maßgabe des Bauordnungsrechts mit der Bauausführung begonnen werden durfte.

§ 7
Überwachung

(1) Die zuständigen Behörden haben darüber zu wachen, dass die in den Rechtsverordnungen nach diesem Gesetz festgesetzten Anforderungen erfüllt werden, soweit die Erfüllung dieser Anforderungen

nicht schon nach anderen Rechtsvorschriften im erforderlichen Umfang überwacht wird.

(2) Die Landesregierungen oder die von ihnen bestimmten Stellen werden vorbehaltlich des Absatzes 3 ermächtigt, durch Rechtsverordnung die Überwachung hinsichtlich der in den Rechtsverordnungen nach den §§1, 2 und 5a Satz 2 Nr. 8 festgesetzten Anforderungen ganz oder teilweise auf geeignete Stellen, Fachvereinigungen oder Sachverständige zu übertragen. Soweit sich §4 auf die §§1 und 2 bezieht, gilt Satz 1 entsprechend.

(3) Die Bundesregierung wird ermächtigt, durch Rechtsverordnung mit Zustimmung des Bundesrates die Überwachung hinsichtlich der durch Rechtsverordnung nach § 3 festgesetzten Anforderungen auf geeignete Stellen, Fachvereinigungen oder Sachverständige zu übertragen. Soweit sich §4 auf §3 bezieht, gilt Satz 1 entsprechend. Satz 1 gilt auch für die Überwachung von in Rechtsverordnungen nach §2 Abs. 3 und §4 Abs. 3 Satz 1 und 3 festgesetzten Anforderungen an Heizungs- sowie Warmwasserversorgungsanlagen und -einrichtungen. Im Zusammenhang mit Regelungen zur Überwachung nach Satz 3 können ergänzend Bestimmungen über die Erteilung weitergehender Empfehlungen getroffen werden.

(4) In den Rechtsverordnungen nach den Absätzen 2 und 3 kann die Art und das Verfahren der Überwachung geregelt werden; ferner können Anzeige- und Nachweispflichten vorgeschrieben werden. Es ist vorzusehen, dass in der Regel Anforderungen auf Grund der §§1 und 2 nur einmal und Anforderungen auf Grund des §3 höchstens einmal im Jahr überwacht werden; bei Anlagen in Einfamilienhäusern, kleinen und mittleren Mehrfamilienhäusern und vergleichbaren Nichtwohngebäuden ist eine längere Überwachungsfrist vorzusehen.

(5) In der Rechtsverordnung nach Absatz 3 ist vorzusehen, dass

1. eine Überwachung von Anlagen mit einer geringen Wärmeleistung entfällt,
2. die Überwachung der Erfüllung von Anforderungen sich auf die Kontrolle von Nachweisen beschränkt, soweit die Wartung durch eigenes Fachpersonal oder auf Grund von Wartungsverträgen durch Fachbetriebe sichergestellt ist.

(6) In Rechtsverordnungen nach §4 Abs. 3 kann vorgesehen werden, dass die Überwachung ihrer Einhaltung entfällt.

§ 7a
Bestätigung durch Private

(1) Die Bundesregierung wird ermächtigt, durch Rechtsverordnung mit Zustimmung des Bundesrates vorzusehen, dass private Fachbetriebe hinsichtlich der von ihnen durchgeführten Arbeiten, soweit sie bestehende Gebäude betreffen, die Einhaltung der durch Rechtsverordnung nach § 2 Abs. 3 und den §§ 3 und 4 Abs. 2 und 3 festgelegten Anforderungen bestätigen müssen; in Fällen der Durchführung von Arbeiten durch Fachbetriebe vor dem 2. April 2009 oder der Eigenleistung, auch nach dem 1. April 2009, kann eine Erklärungspflicht des Eigentümers vorgesehen werden. In der Rechtsverordnung nach Satz 1 kann vorgesehen werden, dass die zuständige Behörde oder ein mit der Wahrnehmung der öffentlichen Aufgabe Beliehener sich die Bestätigungen oder die Erklärungen zum Zwecke der Überwachung vorlegen lässt. Soweit sich § 4 Abs. 1 auf bestehende Gebäude bezieht, gelten die Sätze 1 und 2 entsprechend.

(2) Die Landesregierungen werden ermächtigt, durch Rechtsverordnung vorzusehen, dass private Fachbetriebe hinsichtlich der von ihnen durchgeführten Arbeiten, soweit sie zu errichtende Gebäude betreffen, die Einhaltung der durch Rechtsverordnung nach den §§ 1 sowie 2 Abs. 1 und 2 festgelegten Anforderungen bestätigen müssen; in Fällen der Eigenleistung kann eine Erklärungspflicht des Bauherrn oder des Eigentümers vorgesehen werden. Absatz 1 Satz 2 ist entsprechend anzuwenden. Soweit sich § 4 Abs. 1 auf zu errichtende Gebäude bezieht, gelten die Sätze 1 und 2 entsprechend.

§ 8
Bußgeldvorschriften

(1) Ordnungswidrig handelt, wer vorsätzlich oder leichtfertig einer Rechtsverordnung

1. nach § 1 Abs. 2 Satz 1 oder 2, § 2 Abs. 2 auch in Verbindung mit Abs. 3, § 3 Abs. 2 oder § 4 Abs. 1, 2 oder Abs. 3 Satz 1, auch in Verbindung mit Satz 3,
2. nach § 5a Satz 1 oder
3. nach § 7 Abs. 4 Satz 1 oder § 7a

oder einer vollziehbaren Anordnung auf Grund einer solchen Rechtsverordnung zuwiderhandelt, soweit die Rechtsverordnung für einen bestimmten Tatbestand auf diese Bußgeldvorschrift verweist.

(2) Die Ordnungswidrigkeit kann in den Fällen des Absatzes 1 Nr. 1 mit einer Geldbuße bis zu fünfzigtausend Euro, in den Fällen des Absatzes 1 Nr. 2 mit einer Geldbuße bis zu fünfzehntausend Euro und in den übrigen Fällen mit einer Geldbuße bis zu fünftausend Euro geahndet werden.

§§ 9, 10

– gegenstandslos –

§ 11
Inkrafttreten

– weggefallen –

3.

Gesetz zur Förderung Erneuerbarer Energien im Wärmebereich (Erneuerbare-Energien-Wärmegesetz – EEWärmeG)*)

vom 7.8.2008 (BGBl. I S. 1658)

Der Bundestag hat das folgende Gesetz beschlossen:

Inhaltsübersicht

TEIL 1

Allgemeine Bestimmungen

§ 1 Zweck und Ziel des Gesetzes
§ 2 Begriffsbestimmungen

TEIL 2

Nutzung Erneuerbarer Energien

§ 3 Nutzungspflicht
§ 4 Geltungsbereich der Nutzungspflicht
§ 5 Anteil Erneuerbarer Energien
§ 6 Versorgung mehrerer Gebäude
§ 7 Ersatzmaßnahmen
§ 8 Kombination
§ 9 Ausnahmen
§ 10 Nachweise
§ 11 Überprüfung
§ 12 Zuständigkeit

TEIL 3

Finanzielle Förderung

§ 13 Fördermittel
§ 14 Geförderte Maßnahmen
§ 15 Verhältnis zu Nutzungspflichten

---

*) Die Verpflichtungen aus der Richtlinie 98/34/EG des Europäischen Parlaments und des Rates vom 22. Juni 1998 über ein Informationsverfahren auf dem Gebiet der Normen und technischen Vorschriften und den Vorschriften für die Dienste der Informationsgesellschaft (ABl. EG Nr. L 204 S. 37), geändert durch die Richtlinie 98/48/EG des Europäischen Parlaments und des Rates vom 20. Juli 1998 (ABl. EG Nr. L 217 S. 18), sind beachtet worden.

TEIL 4
Schlussbestimmungen

§ 16 Anschluss- und Benutzungszwang
§ 17 Bußgeldvorschriften
§ 18 Erfahrungsbericht
§ 19 Übergangsvorschrift
§ 20 Inkrafttreten
Anlage
(zu den §§ 5, 7, 10 und 15) Anforderungen an die Nutzung von Erneuerbaren Energien, Abwärme und Kraft-Wärme-Kopplung sowie an Energieeinsparmaßnahmen und Wärmenetze

TEIL 1
Allgemeine Bestimmungen

§ 1
Zweck und Ziel des Gesetzes

(1) Zweck dieses Gesetzes ist es, insbesondere im Interesse des Klimaschutzes, der Schonung fossiler Ressourcen und der Minderung der Abhängigkeit von Energieimporten, eine nachhaltige Entwicklung der Energieversorgung zu ermöglichen und die Weiterentwicklung von Technologien zur Erzeugung von Wärme aus Erneuerbaren Energien zu fördern.

(2) Um den Zweck des Absatzes 1 unter Wahrung der wirtschaftlichen Vertretbarkeit zu erreichen, verfolgt dieses Gesetz das Ziel, dazu beizutragen, den Anteil Erneuerbarer Energien am Endenergieverbrauch für Wärme (Raum-, Kühl- und Prozesswärme sowie Warmwasser) bis zum Jahr 2020 auf 14 Prozent zu erhöhen.

§ 2
Begriffsbestimmungen

(1) Erneuerbare Energien im Sinne dieses Gesetzes sind

1. die dem Erdboden entnommene Wärme (Geothermie),
2. die der Luft oder dem Wasser entnommene Wärme mit Ausnahme von Abwärme (Umweltwärme),
3. die durch Nutzung der Solarstrahlung zur Deckung des Wärmeenergiebedarfs technisch nutzbar gemachte Wärme (solare Strahlungsenergie) und

4. die aus fester, flüssiger und gasförmiger Biomasse erzeugte Wärme. Die Abgrenzung erfolgt nach dem Aggregatszustand zum Zeitpunkt des Eintritts der Biomasse in den Apparat zur Wärmeerzeugung. Als Biomasse im Sinne dieses Gesetzes werden nur die folgenden Energieträger anerkannt:
   a) Biomasse im Sinne der Biomasseverordnung vom 21. Juni 2001 (BGBl. I S. 1234), geändert durch die Verordnung vom 9. August 2005 (BGBl. I S. 2419), in der jeweils geltenden Fassung,
   b) biologisch abbaubare Anteile von Abfällen aus Haushalten und Industrie,
   c) Deponiegas,
   d) Klärgas,
   e) Klärschlamm im Sinne der Klärschlammverordnung vom 15. April 1992 (BGBl. I S. 912), zuletzt geändert durch Artikel 4 der Verordnung vom 20. Oktober 2006 (BGBl. I S. 2298, 2007 I S. 2316), in der jeweils geltenden Fassung und
   f) Pflanzenölmethylester.

(2) Im Sinne dieses Gesetzes ist

1. Abwärme die Wärme, die aus technischen Prozessen und baulichen Anlagen stammenden Abluft- und Abwasserströmen entnommen wird,
2. Nutzfläche
   a) bei Wohngebäuden die Gebäudenutzfläche nach § 2 Nr. 14 der Energieeinsparverordnung vom 24. Juli 2007 (BGBl. I S. 1519) in der jeweils geltenden Fassung,
   b) bei Nichtwohngebäuden die Nettogrundfläche nach § 2 Nr. 15 der Energieeinsparverordnung,
3. Sachkundiger jede Person, die nach § 21 der Energieeinsparverordnung zur Ausstellung von Energieausweisen berechtigt ist, jeweils entsprechend im Rahmen der für Wohn- und Nichtwohngebäude geltenden Berechtigung,
4. Wärmeenergiebedarf die zur Deckung
   a) des Wärmebedarfs für Heizung und Warmwasserbereitung sowie
   b) des Kältebedarfs für Kühlung,

   jeweils einschließlich der Aufwände für Übergabe, Verteilung und Speicherung jährlich benötigte Wärmemenge. Der Wärmeenergiebedarf wird nach den technischen Regeln berechnet, die den Anlagen 1 und 2 zur Energieeinsparverordnung zugrunde gelegt werden,

5. a) Wohngebäude jedes Gebäude, das nach seiner Zweckbestimmung überwiegend dem Wohnen dient, einschließlich Wohn-, Alten- und Pflegeheimen sowie ähnlichen Einrichtungen und
   b) Nichtwohngebäude jedes andere Gebäude.

TEIL 2
Nutzung Erneuerbarer Energien

§ 3
Nutzungspflicht

(1) Die Eigentümer von Gebäuden nach § 4, die neu errichtet werden, (Verpflichtete) müssen den Wärmeenergiebedarf durch die anteilige Nutzung von Erneuerbaren Energien nach Maßgabe der §§ 5 und 6 decken.

(2) Die Länder können eine Pflicht zur Nutzung von Erneuerbaren Energien bei bereits errichteten Gebäuden festlegen. Als bereits errichtet gelten auch die Gebäude nach § 19 Abs. 1 und 2.

§ 4
Geltungsbereich der Nutzungspflicht

Die Pflicht nach § 3 Abs. 1 gilt für alle Gebäude mit einer Nutzfläche von mehr als 50 Quadratmetern, die unter Einsatz von Energie beheizt oder gekühlt werden, mit Ausnahme von

1. Betriebsgebäuden, die überwiegend zur Aufzucht oder zur Haltung von Tieren genutzt werden,
2. Betriebsgebäuden, soweit sie nach ihrem Verwendungszweck großflächig und lang anhaltend offen gehalten werden müssen,
3. unterirdischen Bauten,
4. Unterglasanlagen und Kulturräumen für Aufzucht, Vermehrung und Verkauf von Pflanzen,
5. Traglufthallen und Zelten,
6. Gebäuden, die dazu bestimmt sind, wiederholt aufgestellt und zerlegt zu werden, und provisorischen Gebäuden mit einer geplanten Nutzungsdauer von bis zu zwei Jahren,

7. Gebäuden, die dem Gottesdienst oder anderen religiösen Zwecken gewidmet sind,
8. Wohngebäuden, die für eine Nutzungsdauer von weniger als vier Monaten jährlich bestimmt sind,
9. sonstigen Betriebsgebäuden, die nach ihrer Zweckbestimmung auf eine Innentemperatur von weniger als 12 Grad Celsius oder jährlich weniger als vier Monate beheizt sowie jährlich weniger als zwei Monate gekühlt werden, und
10. Gebäuden, die Teil oder Nebeneinrichtung einer Anlage sind, die vom Anwendungsbereich des TreibhausgasEmissionshandelsgesetzes vom 8. Juli 2004 (BGBl. I S. 1578), zuletzt geändert durch Artikel 19a Nr. 3 des Gesetzes vom 21. Dezember 2007 (BGBl. I S. 3089), in der jeweils geltenden Fassung erfasst ist.

§ 5
Anteil Erneuerbarer Energien

(1) Bei Nutzung von solarer Strahlungsenergie nach Maßgabe der Nummer I der Anlage zu diesem Gesetz wird die Pflicht nach § 3 Abs. 1 dadurch erfüllt, dass der Wärmeenergiebedarf zu mindestens 15 Prozent hieraus gedeckt wird.

(2) Bei Nutzung von gasförmiger Biomasse nach Maßgabe der Nummer II.1 der Anlage zu diesem Gesetz wird die Pflicht nach § 3 Abs. 1 dadurch erfüllt, dass der Wärmeenergiebedarf zu mindestens 30 Prozent hieraus gedeckt wird.

(3) Bei Nutzung von

1. flüssiger Biomasse nach Maßgabe der Nummer II.2 der Anlage zu diesem Gesetz und
2. fester Biomasse nach Maßgabe der Nummer II.3 der Anlage zu diesem Gesetz

wird die Pflicht nach § 3 Abs. 1 dadurch erfüllt, dass der Wärmeenergiebedarf zu mindestens 50 Prozent hieraus gedeckt wird.

(4) Bei Nutzung von Geothermie und Umweltwärme nach Maßgabe der Nummer III der Anlage zu diesem Gesetz wird die Pflicht nach § 3 Abs. 1 dadurch erfüllt, dass der Wärmeenergiebedarf zu mindestens 50 Prozent aus den Anlagen zur Nutzung dieser Energien gedeckt wird.

§ 6
Versorgung mehrerer Gebäude

Die Pflicht nach § 3 Abs. 1 kann auch dadurch erfüllt werden, dass Verpflichtete, deren Gebäude in räumlichem Zusammenhang stehen, ihren Wärmeenergiebedarf insgesamt in einem Umfang decken, der der Summe der einzelnen Verpflichtungen nach § 5 entspricht. Betreiben Verpflichtete zu diesem Zweck eine oder mehrere Anlagen zur Erzeugung von Wärme aus Erneuerbaren Energien, so können sie von den Nachbarn verlangen, dass diese zum Betrieb der Anlagen in dem notwendigen und zumutbaren Umfang die Benutzung ihrer Grundstücke, insbesondere das Betreten, und gegen angemessene Entschädigung die Führung von Leitungen über ihre Grundstücke dulden.

§ 7
Ersatzmaßnahmen

Die Pflicht nach § 3 Abs. 1 gilt als erfüllt, wenn Verpflichtete

1. den Wärmeenergiebedarf zu mindestens 50 Prozent
   a) aus Anlagen zur Nutzung von Abwärme nach Maßgabe der Nummer IV der Anlage zu diesem Gesetz oder
   b) unmittelbar aus Kraft-Wärme-Kopplungsanlagen (KWK-Anlagen) nach Maßgabe der Nummer V der Anlage zu diesem Gesetz

   decken,
2. Maßnahmen zur Einsparung von Energie nach Maßgabe der Nummer VI der Anlage zu diesem Gesetz treffen oder
3. den Wärmeenergiebedarf unmittelbar aus einem Netz der Nah- oder Fernwärmeversorgung nach Maßgabe der Nummer VII der Anlage zu diesem Gesetz decken.

§ 8
Kombination

(1) Erneuerbare Energien und Ersatzmaßnahmen nach § 7 können zur Erfüllung der Pflicht nach § 3 Abs. 1 untereinander und miteinander kombiniert werden.

(2) Die prozentualen Anteile der tatsächlichen Nutzung der einzelnen Erneuerbaren Energien und Ersatzmaßnahmen im Sinne des Absatzes 1 im Verhältnis zu der jeweils nach diesem Gesetz vorgesehenen Nutzung müssen in der Summe 100 ergeben.

§ 9
Ausnahmen

Die Pflicht nach § 3 Abs. 1 entfällt, wenn

1. ihre Erfüllung und die Durchführung von Ersatzmaßnahmen nach § 7
   a) anderen öffentlich-rechtlichen Pflichten widersprechen oder
   b) im Einzelfall technisch unmöglich sind oder
2. die zuständige Behörde den Verpflichteten auf Antrag von ihr befreit. Von der Pflicht nach § 3 Abs. 1 ist zu befreien, soweit ihre Erfüllung und die Durchführung von Ersatzmaßnahmen nach § 7 im Einzelfall wegen besonderer Umstände durch einen unangemessenen Aufwand oder in sonstiger Weise zu einer unbilligen Härte führen.

§ 10
Nachweise

(1) Die Verpflichteten müssen

1. die Erfüllung des in § 5 Abs. 2 und 3 vorgesehenen Mindestanteils für die Nutzung von Biomasse nach Maßgabe des Absatzes 2,
2. die Erfüllung der Anforderungen nach den Nummern I bis VII der Anlage zu diesem Gesetz nach Maßgabe des Absatzes 3,
3. das Vorliegen einer Ausnahme nach § 9 Nr. 1 nach Maßgabe des Absatzes 4

nachweisen. Im Falle des § 6 gelten die Pflichten nach Satz 1 Nr. 1 und 2 als erfüllt, wenn sie bei mehreren Verpflichteten bereits durch einen Verpflichteten erfüllt werden. Im Falle des § 8 müssen die Pflichten nach Satz 1 Nr. 1 und 2 für die jeweils genutzten Erneuerbaren Energien oder durchgeführten Ersatzmaßnahmen erfüllt werden.

(2) Die Verpflichteten müssen bei Nutzung von gelieferter

1. gasförmiger und flüssiger Biomasse die Abrechnungen des Brennstofflieferanten
   a) für die ersten fünf Kalenderjahre ab dem Inbetriebnahmejahr der Heizungsanlage der zuständigen Behörde bis zum 30. Juni des jeweiligen Folgejahres vorlegen,
   b) für die folgenden zehn Kalenderjahre
      aa) jeweils mindestens fünf Jahre ab dem Zeitpunkt der Lieferung aufbewahren und
      bb) der zuständigen Behörde auf Verlangen vorlegen,

2. fester Biomasse die Abrechnungen des Brennstofflieferanten für die ersten 15 Jahre ab dem Inbetriebnahmejahr der Heizungsanlage
   a) jeweils mindestens fünf Jahre ab dem Zeitpunkt der Lieferung aufbewahren und
   b) der zuständigen Behörde auf Verlangen vorlegen.

(3) Die Verpflichteten müssen zum Nachweis der Erfüllung der Anforderungen nach den Nummern I bis VII der Anlage zu diesem Gesetz die dort in den Nummern I.2, II.1 Buchstabe c, II.2 Buchstabe c, II.3 Buchstabe b, III.3, IV.4, V.2, VI.3 und VII.2 jeweils angegebenen Nachweise

1. der zuständigen Behörde innerhalb von drei Monaten ab dem Inbetriebnahmejahr der Heizungsanlage des Gebäudes und danach auf Verlangen vorlegen und
2. mindestens fünf Jahre ab dem Inbetriebnahmejahr der Heizungsanlage aufbewahren, wenn die Nachweise nicht bei der Behörde verwahrt werden.

Satz 1 gilt nicht, wenn die Tatsachen, die mit den Nachweisen nachgewiesen werden sollen, der zuständigen Behörde bereits bekannt sind.

(4) Die Verpflichteten müssen im Falle des Vorliegens einer Ausnahme nach § 9 Nr. 1 der zuständigen Behörde innerhalb von drei Monaten ab der Inbetriebnahme der Heizungsanlage anzeigen, dass die Erfüllung der Pflicht nach § 3 Abs. 1 und die Durchführung von Ersatzmaßnahmen nach § 7 öffentlich-rechtlichen Vorschriften widersprechen oder technisch unmöglich sind. Im Falle eines Widerspruchs zu öffentlich-rechtlichen Pflichten gilt dies nicht, wenn die zuständige Behörde bereits Kenntnis von den Tatsachen hat, die den Widerspruch zu diesen Pflichten begründen. Im Falle einer technischen Unmöglichkeit ist der Behörde mit der Anzeige eine Bescheinigung eines Sachkundigen vorzulegen.

(5) Es ist verboten, in einem Nachweis, einer Anzeige oder einer Bescheinigung nach den Absätzen 2 bis 4 unrichtige oder unvollständige Angaben zu machen.

§ 11
Überprüfung

(1) Die zuständigen Behörden müssen zumindest durch geeignete Stichprobenverfahren die Erfüllung der Pflicht nach § 3 Abs. 1 und die Richtigkeit der Nachweise nach § 10 kontrollieren.

(2) Die mit dem Vollzug dieses Gesetzes beauftragten Personen sind berechtigt, in Ausübung ihres Amtes Grundstücke und bauliche Anlagen einschließlich der Wohnungen zu betreten. Das Grundrecht der Unverletzlichkeit der Wohnung (Artikel 13 des Grundgesetzes) wird insoweit eingeschränkt.

§ 12
Zuständigkeit

Die Zuständigkeit der Behörden richtet sich nach Landesrecht.

TEIL 3
Finanzielle Förderung

§ 13
Fördermittel

Die Nutzung Erneuerbarer Energien für die Erzeugung von Wärme wird durch den Bund bedarfsgerecht in den Jahren 2009 bis 2012 mit bis zu 500 Millionen Euro pro Jahr gefördert. Einzelheiten werden durch Verwaltungsvorschriften des Bundesministeriums für Umwelt, Naturschutz und Reaktorsicherheit im Einvernehmen mit dem Bundesministerium der Finanzen geregelt.

§ 14
Geförderte Maßnahmen

Gefördert werden können Maßnahmen für die Erzeugung von Wärme, insbesondere die Errichtung oder Erweiterung von

1. solarthermischen Anlagen,
2. Anlagen zur Nutzung von Biomasse,
3. Anlagen zur Nutzung von Geothermie und Umweltwärme sowie
4. Nahwärmenetzen, Speichern und Übergabestationen für Wärmenutzer, wenn sie auch aus Anlagen nach den Nummern 1 bis 3 gespeist werden.

§ 15
Verhältnis zu Nutzungspflichten

(1) Maßnahmen können nicht gefördert werden, soweit sie der Erfüllung der Pflicht nach § 3 Abs. 1 oder einer landesrechtlichen Pflicht nach § 3 Abs. 2 dienen.

(2) Absatz 1 gilt nicht bei den folgenden Maßnahmen:

1. Maßnahmen, die technische oder sonstige Anforderungen erfüllen, die
   a) im Falle des § 3 Abs. 1 anspruchsvoller als die Anforderungen nach den Nummern I bis V der Anlage zu diesem Gesetz oder
   b) im Falle des § 3 Abs. 2 anspruchsvoller als die Anforderungen nach der landesrechtlichen Pflicht

   sind,
2. Maßnahmen, die den Wärmeenergiebedarf zu einem Anteil decken, der
   a) im Falle des § 3 Abs. 1 um 50 Prozent höher als der Mindestanteil nach § 5 oder
   b) im Falle des § 3 Abs. 2 höher als der landesrechtlich vorgeschriebene Mindestanteil

   ist,
3. Maßnahmen, die mit weiteren Maßnahmen zur Steigerung der Energieeffizienz verbunden werden,
4. Maßnahmen zur Nutzung solarthermischer Anlagen auch für die Heizung eines Gebäudes und
5. Maßnahmen zur Nutzung von Tiefengeothermie.

(3) Die Förderung kann in den Fällen des Absatzes 2 auf die Gesamtmaßnahme bezogen werden.

(4) Einzelheiten werden in den Verwaltungsvorschriften nach § 13 Satz 2 geregelt.

(5) Fördermaßnahmen durch das Land oder durch ein Kreditinstitut, an dem der Bund oder das Land beteiligt sind, bleiben unberührt.

TEIL 4
Schlussbestimmungen

§ 16
Anschluss- und Benutzungszwang

Die Gemeinden und Gemeindeverbände können von einer Bestimmung nach Landesrecht, die sie zur Begründung eines Anschluss- und Benutzungszwangs an ein Netz der öffentlichen Nah- oder Fernwärmeversorgung ermächtigt, auch zum Zwecke des Klima- und Ressourcenschutzes Gebrauch machen.

§ 17
Bußgeldvorschriften

(1) Ordnungswidrig handelt, wer vorsätzlich oder leichtfertig

1. entgegen § 3 Abs. 1 den Wärmeenergiebedarf nicht oder nicht richtig mit Erneuerbaren Energien deckt,
2. entgegen § 10 Abs. 1 Satz 1 einen Nachweis nicht, nicht richtig, nicht vollständig oder nicht rechtzeitig erbringt,
3. entgegen § 10 Abs. 2 Nr. 1 Buchstabe b Doppelbuchstabe aa oder Nr. 2 Buchstabe a oder Abs. 3 Satz 1 Nr. 2 einen Nachweis nicht oder nicht mindestens fünf Jahre aufbewahrt oder
4. entgegen § 10 Abs. 5 eine unrichtige oder unvollständige Angabe macht.

(2) Die Ordnungswidrigkeit kann in den Fällen des Absatzes 1 Nr. 1, 2 und 4 mit einer Geldbuße bis zu fünfzigtausend Euro und im Falle des Absatzes 1 Nr. 3 mit einer Geldbuße bis zu zwanzigtausend Euro geahndet werden.

§ 18
Erfahrungsbericht

Die Bundesregierung hat dem Deutschen Bundestag bis zum 31. Dezember 2011 und danach alle vier Jahre einen Erfahrungsbericht zu diesem Gesetz vorzulegen. Sie soll insbesondere über

1. den Stand der Markteinführung von Anlagen zur Erzeugung von Wärme und Kälte aus Erneuerbaren Energien im Hinblick auf die Erreichung des Zwecks und Ziels nach § 1,
2. die technische Entwicklung, die Kostenentwicklung und die Wirtschaftlichkeit dieser Anlagen,
3. die eingesparte Menge Mineralöl und Erdgas sowie die dadurch reduzierten Emissionen von Treibhausgasen und
4. den Vollzug dieses Gesetzes berichten. Der Erfahrungsbericht macht Vorschläge zur weiteren Entwicklung des Gesetzes.

§ 19
Übergangsvorschrift

(1) § 3 Abs. 1 ist nicht anzuwenden auf die Errichtung von Gebäuden, wenn für das Vorhaben vor dem 1. Januar 2009 der Bauantrag gestellt oder die Bauanzeige erstattet ist.

(2) § 3 Abs. 1 ist nicht anzuwenden auf die nicht genehmigungsbedürftige Errichtung von Gebäuden, die nach Maßgabe des Bauordnungsrechts der zuständigen Behörde zur Kenntnis zu bringen sind, wenn die erforderliche Kenntnisgabe an die Behörde vor dem 1. Januar 2009 erfolgt ist. Auf sonstige nicht genehmigungsbedürftige, insbesondere genehmigungs-, anzeige- und verfahrensfreie Errichtungen von Gebäuden ist § 3 Abs. 1 nicht anzuwenden, wenn vor dem 1. Januar 2009 mit der Bauausführung begonnen worden ist.

§ 20
Inkrafttreten

Dieses Gesetz tritt am 1. Januar 2009 in Kraft.

Anlage

(zu den §§ 5, 7, 10 und 15)

Anforderungen an die Nutzung von Erneuerbaren Energien, Abwärme und Kraft-Wärme-Kopplung sowie an Energieeinsparmaßnahmen und Wärmenetze

I. Solare Strahlungsenergie

1. Sofern solare Strahlungsenergie durch Solarkollektoren genutzt wird, gilt
   a) der Mindestanteil nach § 5 Abs. 1 als erfüllt, wenn
      aa) bei Wohngebäuden mit höchstens zwei Wohnungen Solarkollektoren mit einer Fläche von mindestens 0,04 Quadratmetern Aperturfläche je Quadratmeter Nutzfläche und
      bb) bei Wohngebäuden mit mehr als zwei Wohnungen Solarkollektoren mit einer Fläche von mindestens 0,03 Quadratmetern Aperturfläche je Quadratmeter Nutzfläche

      installiert werden; die Länder können insoweit höhere Mindestflächen festlegen,
   b) diese Nutzung nur dann als Erfüllung der Pflicht nach § 3 Abs. 1, wenn die Solarkollektoren nach dem Verfahren der DIN EN 12975-1 (2006-06), 12975-2 (2006-06), 12976-1 (2006-04) und 12976-2 (200604) mit dem europäischen Prüfzeichen „Solar Keymark" zertifiziert sind.*)
2. Nachweis im Sinne des § 10 Abs. 3 ist für Nummer 1 Buchstabe b das Zertifikat „Solar Keymark".

II. Biomasse

1. Gasförmige Biomasse

a) Die Nutzung von gasförmiger Biomasse gilt nur dann als Erfüllung der Pflicht nach § 3 Abs. 1, wenn die Nutzung in einer KWK-Anlage erfolgt.
b) Die Nutzung von gasförmiger Biomasse, die auf Erdgasqualität aufbereitet und eingespeist wird, gilt unbeschadet des Buchstaben a nur dann als Erfüllung der Pflicht nach § 3 Abs. 1, wenn

*) Amtlicher Hinweis: Alle zitierten DIN-Normen sind im Beuth Verlag GmbH, Berlin und Köln, veröffentlicht und beim Deutschen Patentamt in München archiviert.

aa) bei der Aufbereitung und Einspeisung des Gases
  - die Methanemissionen in die Atmosphäre und
  - der Stromverbrauch

  nach der jeweils besten verfügbaren Technik gesenkt werden und

bb) die Prozesswärme, die zur Erzeugung und Aufbereitung der gasförmigen Biomasse erforderlich ist, aus Erneuerbaren Energien oder aus Abwärme gewonnen wird.

Die Einhaltung der besten verfügbaren Technik wird bei Satz 1 Doppelbuchstabe aa erster Spiegelstrich vermutet, wenn die Qualitätsanforderungen für Biogas nach § 41f Abs. 1 der Gasnetzzugangsverordnung vom 25. Juli 2005 (BGBl. I S. 2210), die zuletzt durch Artikel 1 des Gesetzes vom 8. April 2008 (BGBl. I S. 693) geändert worden ist, in der jeweils geltenden Fassung eingehalten werden.

c) Nachweis im Sinne des § 10 Abs. 3 ist für Buchstabe a die Bescheinigung eines Sachkundigen, des Anlagenherstellers oder des Fachbetriebs, der die Anlage eingebaut hat, und für Buchstabe b die Bescheinigung des Brennstofflieferanten.

2. Flüssige Biomasse

a) Die Nutzung von flüssiger Biomasse gilt nur dann als Erfüllung der Pflicht nach § 3 Abs. 1, wenn die Nutzung in einem Heizkessel erfolgt, der der besten verfügbaren Technik entspricht.

b) Nach Inkrafttreten der Verordnung, die die Bundesregierung auf Grund des § 37d Abs. 2 Nr. 3 und 4, Abs. 3 Nr. 2 des Bundes-Immissionsschutzgesetzes in der Fassung der Bekanntmachung vom 26. September 2002 (BGBl. I S. 3830), das zuletzt durch Artikel 1 des Gesetzes vom 23. Oktober 2007 (BGBl. I S. 2470) geändert worden ist, erlässt (Nachhaltigkeitsverordnung), gilt die Nutzung von flüssiger Biomasse nur dann als Erfüllung der Pflicht nach § 3 Abs. 1, wenn bei der Erzeugung dieser Biomasse nachweislich die Anforderungen erfüllt werden, die in der Nachhaltigkeitsverordnung gestellt werden. Vor Inkrafttreten der Nachhaltigkeitsverordnung gilt die Nutzung von Palmöl und Sojaöl, raffiniert und unraffiniert, nicht als Erfüllung der Pflicht nach § 3 Abs. 1.

c) Nachweis im Sinne des § 10 Abs. 3 ist für Buchstabe a die Bescheinigung eines Sachkundigen, des Anlagenherstellers oder des Fachbetriebs, der die Anlage eingebaut hat, und für Buchstabe b der in der Nachhaltigkeitsverordnung vorgesehene Nachweis.

3. Feste Biomasse

a) Die Nutzung von fester Biomasse beim Betrieb von Feuerungsanlagen im Sinne der Verordnung über kleine und mittlere Feuerungsanlagen in der Fassung der Bekanntmachung vom 14. März 1997 (BGBl. I S. 490), zuletzt geändert durch Artikel 4 der Verordnung vom 14. August 2003 (BGBl. I S. 1614), in der jeweils geltenden Fassung gilt nur dann als Erfüllung der Pflicht nach § 3 Abs. 1, wenn
   aa) die Anforderungen der Verordnung über kleine und mittlere Feuerungsanlagen erfüllt werden,
   bb) ausschließlich Biomasse nach § 3 Abs. 1 Nr. 4, 5, 5a oder 8 der Verordnung über kleine und mittlere Feuerungsanlagen eingesetzt wird und
   cc) der entsprechend dem Verfahren der DIN EN 303-5 (1999-06) ermittelte Kesselwirkungsgrad für Biomassezentralheizungsanlagen
   - bis einschließlich einer Leistung von 50 Kilowatt 86 Prozent und
   - bei einer Leistung über 50 Kilowatt 88 Prozent nicht unterschreitet.

b) Nachweis im Sinne des § 10 Abs. 3 ist die Bescheinigung eines Sachkundigen, des Anlagenherstellers oder des Fachbetriebs, der die Anlage eingebaut hat.

III. Geothermie und Umweltwärme

1. a) Sofern Geothermie und Umweltwärme durch elektrisch angetriebene Wärmepumpen genutzt werden, gilt diese Nutzung nur dann als Erfüllung der Pflicht nach § 3 Abs. 1, wenn
   - die nutzbare Wärmemenge mindestens mit der Jahresarbeitszahl nach Buchstabe b bereitgestellt wird und
   - die Wärmepumpe über die Zähler nach Buchstabe c verfügt.

   b) Die Jahresarbeitszahl beträgt bei
   - Luft/Wasser- und Luft/Luft-Wärmepumpen 3,5 und
   - allen anderen Wärmepumpen 4,0.

   Wenn die Warmwasserbereitung des Gebäudes durch die Wärmepumpe oder zu einem wesentlichen Anteil durch andere Erneuerbare Energien erfolgt, beträgt die Jahresarbeitszahl abweichend von Satz 1 bei
   - Luft/Wasser- und Luft/Luft-Wärmepumpen 3,3 und
   - allen anderen Wärmepumpen 3,8.

Die Jahresarbeitszahl wird nach den anerkannten Regeln der Technik berechnet. Die Berechnung ist mit der Leistungszahl der Wärmepumpe, mit dem Pumpstrombedarf für die Erschließung der Wärmequelle, mit der Auslegungs-Vorlauf- und bei Luft/Luft-Wärmepumpen mit der Auslegungs-Zulauftemperatur für die jeweilige Heizungsanlage, bei Sole/Wasser-Wärmepumpen mit der Soleeintritts-Temperatur, bei Wasser/Wasser-Wärmepumpen mit der primärseitigen Wassereintritts-Temperatur und bei Luft/Wasser- und Luft/Luft-Wärmepumpen zusätzlich unter Berücksichtigung der Klimaregion durchzuführen.

c) Die Wärmepumpen müssen über einen Wärmemengen- und Stromzähler verfügen, deren Messwerte die Berechnung der Jahresarbeitszahl der Wärmepumpen ermöglichen. Satz 1 gilt nicht bei Sole/Wasser- und Wasser/Wasser-Wärmepumpen, wenn die Vorlauftemperatur der Heizungsanlage nachweislich bis zu 35 Grad Celsius beträgt.

2. Sofern Geothermie und Umweltwärme durch mit fossilen Brennstoffen angetriebene Wärmepumpen genutzt werden, gilt diese Nutzung nur dann als Erfüllung der Pflicht nach § 3 Abs. 1, wenn
   - die nutzbare Wärmemenge mindestens mit der Jahresarbeitszahl von 1,2 bereitgestellt wird; Nummer 1 Buchstabe b Satz 3 und 4 gilt entsprechend, und
   - die Wärmepumpe über einen Wärmemengen- und Brennstoffzähler verfügt, deren Messwerte die Berechnung der Jahresarbeitszahl der Wärmepumpe ermöglichen; Nummer 1 Buchstabe c Satz 2 gilt entsprechend.
3. Nachweis im Sinne des § 10 Abs. 3 ist die Bescheinigung eines Sachkundigen.

IV. Abwärme

1. Sofern Abwärme durch Wärmepumpen genutzt wird, gelten die Nummern III.1 und III.2 entsprechend.
2. Sofern Abwärme durch raumlufttechnische Anlagen mit Wärmerückgewinnung genutzt wird, gilt diese Nutzung nur dann als Ersatzmaßnahme nach § 7 Nr. 1 Buchstabe a, wenn

   a) der Wärmerückgewinnungsgrad der Anlage mindestens 70 Prozent und

   b) die Leistungszahl, die aus dem Verhältnis von der aus der Wärmerückgewinnung stammenden und genutzten Wärme zum

Stromeinsatz für den Betrieb der raumlufttechnischen Anlage ermittelt wird, mindestens 10

betragen.

3. Sofern Abwärme durch andere Anlagen genutzt wird, gilt diese Nutzung nur dann als Ersatzmaßnahme nach §7 Nr. 1 Buchstabe a, wenn sie nach dem Stand der Technik erfolgt.
4. Nachweis im Sinne des § 10 Abs. 3 ist die Bescheinigung eines Sachkundigen, bei Nummer 2 auch die Bescheinigung des Anlagenherstellers oder des Fachbetriebs, der die Anlage eingebaut hat.

V. Kraft-Wärme-Kopplung

1. Die Nutzung von Wärme aus KWK-Anlagen gilt nur dann als Erfüllung der Pflicht nach §3 Abs. 1 und als Ersatzmaßnahme nach § 7 Nr. 1 Buchstabe b, wenn die KWK-Anlage hocheffizient im Sinne der Richtlinie 2004/8/EG des Europäischen Parlaments und des Rates vom 11. Februar 2004 über die Förderung einer am Nutzwärmebedarf orientierten Kraft-Wärme-Kopplung im Energiebinnenmarkt und zur Änderung der Richtlinie 92/94/EWG (ABl. EU Nr. L 52 S. 50) ist. KWK-Anlagen mit einer elektrischen Leistung unter einem Megawatt sind hocheffizient, wenn sie Primärenergieeinsparungen im Sinne von Anhang III der Richtlinie 2004/8/EG erbringen.
2. Nachweis im Sinne des §10 Abs. 3 ist bei Nutzung von Wärme aus KWK-Anlagen,
   a) die der Verpflichtete selbst betreibt, die Bescheinigung eines Sachkundigen, des Anlagenherstellers oder des Fachbetriebs, der die Anlage eingebaut hat,
   b) die der Verpflichtete nicht selbst betreibt, die Bescheinigung des Anlagenbetreibers.

VI. Maßnahmen zur Einsparung von Energie

1. Maßnahmen zur Einsparung von Energie gelten nur dann als Ersatzmaßnahme nach § 7 Nr. 2, wenn damit bei der Errichtung von Gebäuden
   a) der jeweilige Höchstwert des Jahres-Primärenergiebedarfs und
   b) die jeweiligen für das konkrete Gebäude zu erfüllenden Anforderungen an die Wärmedämmung der Gebäudehülle nach der Energieeinsparverordnung in der jeweils geltenden Fassung um mindestens 15 Prozent unterschritten werden.

2. Soweit andere Rechtsvorschriften höhere Anforderungen an den baulichen Wärmeschutz als die Energieeinsparverordnung stellen, treten diese Anforderungen an die Stelle der Anforderungen nach der Energieeinsparverordnung in Nummer 1.
3. Nachweis im Sinne des § 10 Abs. 3 ist der Energieausweis nach § 18 der Energieeinsparverordnung.

VII. Wärmenetze

1. Die Nutzung von Wärme aus einem Netz der Nah- oder Fernwärmeversorgung gilt nur dann als Ersatzmaßnahme nach § 7 Nr. 3, wenn die Wärme
   a) zu einem wesentlichen Anteil aus Erneuerbaren Energien,
   b) zu mindestens 50 Prozent aus Anlagen zur Nutzung von Abwärme,
   c) zu mindestens 50 Prozent aus KWK-Anlagen oder
   d) zu mindestens 50 Prozent durch eine Kombination der in den Buchstaben a bis c genannten Maßnahmen stammt. Die Nummern I bis V gelten entsprechend.
2. Nachweis im Sinne des § 10 Abs. 3 ist die Bescheinigung des Wärmenetzbetreibers.

C
Sachverzeichnis

A

Abwärme **202**
Aktive Nutzung von Solarenergie **8**
Altbauten **1, 80**
Alternative Energieversorgungssysteme **99**
Anforderungen an bestehende Gebäude **179**
Anlagen **95**
Anlagenaufwandszahl e_P **22**
Anlagenkennzahl **34**
Anlagenkennzahl e_P **5, 43, 53**
Anlagenkomponenten **54**
Anlagensysteme **96**
Anlagentechnik **17, 51, 177**
Anlagenverluste **24**
Aufwandszahl e_g **5**
Ausnahmen **118**
Außentemperatur **9**
Ausstellungsberechtigung **115**
Ausstellungsfristen für Energieausweise **57**

B

BAFA **7**
Bank **87**
Baudenkmäler **111**
– Begriff **96**
Bauherr **110, 118**
Bauteile, die an das Erdreich grenzen **34**
Bauteile, die an die Außenluft grenzen **34**
Bauteile, die an unbeheizte oder niedrig beheizte Räume grenzen **34**
Befreiungen **118**
Berechnung des Energiebedarfs **75**
bestehende Gebäude **49**
Bezugsgrößen **143**
Biomasse **59, 188, 199**
Biomasseanlagen **84**
Blower-Door-Messung **71**
Bonusförderung **83**
Brenner
– Begriff **96**
Brennstoffbedarf **38**
Brennwertkessel **66**
– Begriff **96**
Brennwerttechnik **17**
Brutto-Gebäudevolumen **34**
Bußgeldvorschriften **184**

D

Dachgeschosse **50**
DENA **7**
Detailliertes Verfahren **53**
Diagrammverfahren **53**
Dichtheit **99, 157**
DIN-Normen **89**
durchschnittliche Außentemperatur **34**
durchschnittliche Innentemperatur **34**

E

EEWärmeG **20, 26, 27, 58, 187**
Einrichtungen **95**
Einsparung von Energie **203**
Elektroheizung **68**
Elektrospeicherheizungen **26**
Emissionen **38**
Endenergie Hilfsenergie **38**
Endenergiebedarf Heizung **37**
Endenergiebedarf Q_E **5**
Energetischer Standard **16**
Energieausweis **1, 8, 55, 56**
– Energiebedarf **169**
– Energieverbrauch **170**
– Grundsätze **111**
Energieausweis nach EnEV **55**
Energieausweis Wohngebäude **161**
Energieausweise **57, 110, 181**
Energiebedarf **16, 56, 111, 112**
Energieberatung **59, 70, 73**
Energiebilanz **23, 24, 25**
Energieeinsparungsgesetz **177**
Energieeinsparverordnung EnEV **4, 26, 93**
Energiemenge **20**
Energiepass **1, 8**
Energiepreise **1**
Energiesparendes Bauen **60**
Energiestrom **21**
Energieverbrauch **6, 56, 111, 113**
EnEV 2009 **20, 26**
Erneuerbare Energien **59**
– Begriff **96**
Erneuerbare-Energien-Wärmegesetz **187**

F

Faktoren der Energiebilanz **33**
Fensterflächenanteil **132**
Fensterrahmenanteil **36**
Fern- und Nahwärme **68**
Fördermittel **195**
Fördermittelgewährung **81**
Förderprogramme **60**
Förderung **187**
Förderungen bei energiesparendem Bauen und Sanieren **78**
Förderungen durch die BAFA **82**
Förderungen durch die KfW-Bank **79**
Formelsammlung **33**
Fortbildung **87, 172**
Fossile Energiequellen **7**

G

Gebäude **95**
– Änderungen **100, 110**
– gemischt genutzte **116**
– Gottesdienst **96**
– Wohngebäude **96**
Gebäude, kleine **56, 100, 111, 151**
– Begriff **96**
Gebäudehülle **13, 24, 32, 62**
Gebäudenutzfläche **34**
– Begriff **96**
Gebäudetyp **33**
Geförderte Maßnahmen **195**

Geothermie **59, 188, 201**
Geräte
– Begriff **96**
Gesamtenergiedurchlassgrad des Glases **36**
Gleichwertigkeitsnachweis **42**
Gradtagzahl **34**

H

Heizgrenztemperatur **18, 19, 20, 37**
Heizkessel **49, 106**
– Begriff **96**
Heizungsanlage **64**
Heizwärmebedarf **34**
Heizwärmebedarf Q_h **5, 21, 22**
Heizzeit **17, 18, 19, 20**

I

Inkrafttreten **123**
Inspektion von Klimaanlagen **105**
Interne Wärmegewinne **23, 36**
Interne Wärmegewinne Q_i **6**
Interne Wärmequellen Q_i **6**
Isolierglasscheiben **17**

J

Jahres-Heizwärmebedarf **132**
Jahres-Primärenergiebedarf **98, 100, 132**

K

Käufer **111**
Kellerdecken **45**
KfW 55 Energiesparhaus **6**
KfW 70 Energiesparhaus **6**
KfW Energiesparhaus **6**
KfW Passivhaus **6**
KfW-Bank **6**
Klimaanlagen **105, 109**
Kraft-Wärme-Kopplung **203**
Kühlung **22**
Kulturräume **96**
k-Wert **3**

L

Längenbezogener Wärmedurchgangskoeffizient **35**
Luftqualität **15**
Lüftungsanlagen **15**
Lüftungswärmesenken Q_V **6**
Lüftungswärmeverlust Q_V **6**
Lüftungswärmeverluste **24**
Luftwechsel **15**
Luftwechselrate **35**
Luftwechselrate n **42**

M

Mindestluftwechsel **99, 157**
Mindestwärmeschutz **3, 100**
Modernisierungsempfehlungen **114, 171**
Monatliche Wärmegewinne **35**
monatliche Wärmeverluste **34**
Monatsbilanzverfahren **39**
Monatsbilanzverfahren nach DIN V 18 599-2 **40**

N

Nachrüstpflicht **49**
Nachrüstung **102**

Nachweisverfahren **39**
Natürliche Belichtung **16**
Nennleistung
– Begriff **96**
Nettogrundfläche
– Begriff **96**
Nettovolumen Gebäude **35**
Neubau **27**
Nichtwohngebäude **98, 122, 143**
– Anforderungen **134**
– Begriff **96**
– Jahres-Primärenergiebedarf **134**
– Transmissionswärmetransferkoeffizient **134**
– vereinfachtes Berechnungsverfahren **147**
Niedertemperatur-Heizkessel
– Begriff **96**
Niedertemperaturkessel **17, 66**
Niedrigenergiehaus **7**
Nutzerverhalten **60, 65**
Nutzfläche
– Begriff **96**
Nutzungsfaktor n **24**
Nutzwärmebedarf Heizung $Q_{n,B}$ **5**
Nutzwärmebedarf Trinkwasser Q_w **5**

O

Oberflächentemperatur **14**
Oberste Geschossdecke **50**
Öffentliche Gebäude **56**
Ordnungswidrigkeiten **120**

P

Passive Nutzung von Solarenergie **8**
Passivhaus **6, 79**
Pellets-Heizung **69**
Pflanzen **96**
Primärenergiebedarf **17, 24, 33, 37**
Primärenergiebedarf Q_P **4, 5, 21**
Primärenergiebedarf verschiedener Heizsysteme **70**
Primärenergiefaktor f_P **5, 51**
Produktionsprozesse **95**

R

Räume
– Begriff **96**
Raumklima **13**
Rechenprogramme **88**
Referenzausführung/Wert **31**
Referenzgebäude **45, 143**
Referenzgebäude – Verfahren nach EnEV **30**
Regeln der Technik **117**
Regenerative Energiequellen **8**

S

Schichtdicke einer Stoffschicht **35**
Solaranlagen **70**
Solare Strahlungsenergie **59, 188, 199**
Solare Wärmeeinträge Q_s **6**
Solare Wärmegewinne **13, 23, 35, 131**
Solare Wärmegewinne Q_S **6**

Solarkollektoren **12, 13, 82**
Sommerlicher Wärmeschutz **14, 38, 98, 150**
Sonderförderung **81**
Sonnenschutzvorrichtung **36**
Spezifische Lüftungswärmeverluste **35**
Spezifische Transmissionswärmeverluste **34**
Spezifische Wärmeverluste pro Monat **34**
Spezifischer Transmissionswärmeverlust H_T **5**
Standardkessel **17**
Strahlungsangebot **9, 13**
Stückholzfeuerung **69**

T

Tabellenverfahren **53**
Temperatur-Korrekturfaktor **35**
Thermografie **71**
Tiere **96**
Transmissionswärmetransferkoeffizient **98**
Transmissionswärmetransferkoeffizient H_T **5**
Transmissionswärmeverlust **24, 98, 100, 130**
Transmissionswärmeverlust Q_T **6**
Transmissionswärmeverluste H_T **32**
Trinkwasserbedarf **33**
Trinkwasserbedarf Q_w **5**

U

Übergangsvorschriften **121**
Übergangsvorschriften für Energieausweise **122**
Übergangsvorschriften zur Nachrüstung **123**
Überwachung **182**
Umfassungsfläche **33**
Umweltwärme **59, 188, 201**
Unterirdische Bauten **96**
U-Werte **3, 43**
U-Werte bei Sanierungsmaßnahmen **47**

V

Verkäufer **111**
Verschattungsanteil **36**
Vor-Ort-Beratung **7**

W

Wärmebereich **58**
Wärmebrücken **100, 130**
Wärmebrückenfaktor **35, 40**
Wärmebrückenverluste in Bauteilen **35**
Wärmedurchgangskoeffizient **35, 155**
Wärmedurchgangswiderstand für Stoffe **35**
Wärmedurchlasswiderstand **35**
Wärmegewinne **24**
Wärmeleitfähigkeit der Stoffschicht **35**
Wärmenetze **204**
Wärmepumpen **67, 85**
Wärmequellen Q_{source} **6**

Wärmeschutz **177**
Wärmeschutzgläser **17**
Wärmeschutzverordnung **3, 57**
Wärmesenken Q_{sink} **6**
Wärmeübergangswiderstand **35**
Wärmeübertragende Bauteilfläche **35**
Wärmeübertragende Gebäudehülle **34**
Wärmeverteilungs- und Warmwasserleitungen **49**
Warmwasseranlagen **107**
Warmwasserbedarf Q_W **21**
Warmwasserleitungen **159**
Warmwasserversorgung **95**
Wetterdaten **9, 10**
Wirtschaftlichkeit **77**
Witterungsbereinigter Energieverbrauch **57**
Wohnfläche
– Begriff **96**
Wohngebäude **26, 98, 111, 122**
– Anforderungen **124**
– Begriff **96**
– vereinfachtes Verfahren **156**

Z

Zelte **96**
Zentralheizungen **108**
Zonierung **147**